緑の牢獄

沖縄西表炭坑に眠る台湾の記憶

黄（コウ）インイク

訳 黒木夏兒（くろきなつこ）

五月書房新社

まえがき

「緑の牢獄」、美しい緑のなかに埋もれた「牢獄」の廃墟、それは沖縄のジャーナリスト三木健氏が１９８０年頃に、戦後の沖縄・八重山諸島に残された元坑夫、炭坑関係者を多数取材し、『聞書　西表炭坑』を出版した際、この西表島が持っていた過酷な炭鉱の歴史をまとめた力強く簡潔な言葉だ。明治19年（１８８６年）から日本近代産業史の一環として始まった「西表炭坑」の開発史は、戦後、沖縄の米軍統治時代に於ける１９６０年代まで続いた。
『琉球新報』の記者であった三木健氏は町中に彷徨う幽霊の話を、西表の住民たちから１９８０年頃に耳にし、この残酷な歴史を掘りだす研究を始めたという。一方、２０１４年に西表島では最後の一人となる台湾出身の炭坑関係者に出会った私は、過去の歴史を凝縮した一つの記憶のようなその古い家と同様の「西表炭坑にある台湾の影」を探求する旅を始めた。

唯一の主人公である橋間おばあの記憶、しかも90歳の高齢によって不完全となった記憶だけを頼りに、どこまで辿り着けるだろうか。日記の欠片を一つ一つ拾うように橋間おばあに寄り添う日々は、おばあの人生の最後まで続いた。ドキュメンタリーの制作に費やした七年間は、自分にとってはあっという間のことだった。この本はその七年間の歩みの記録だとも、「西表炭坑」という大きな歴史背景に隠された台湾の記憶を掘りだす過程の記録だとも言える。

数千人規模の「西表炭坑」では、最盛期、その半分ほどを台湾人坑夫が占めていた。台湾北部の「基隆(きりゅう)炭鉱」から募集されてきた多数の坑夫は、九州、沖縄本島からの坑夫と共に、この幻の炭坑島を支えてきた。

学者でもジャーナリストでもない私は、ただ一人の生き残りである台湾人おばあに向き合うことで、その顔の裏に隠されたぼんやりとしたシルエットから、そこに刻まれたおばあの運命的な悲劇の面影を、なんとしても読み取ろうとしていた。そこには、日本、沖縄と台湾の歴史の挟間に生まれた、今まで語られたことのない無声の「空白」があると、その戦前の台湾の匂いがする家で時間を過ごす度、私は強く感じた。

この本はドキュメンタリー映画『緑の牢獄』の制作が終わろうという段階で書き始めた。制作を進めていく上での私の心境、炭坑廃墟のリサーチ、歴史調査の過程での文献や事実の発見、個々の歴史観に関する疑問と模索、そして映画の中で再現ドラマという特殊な撮影を実施するに至るまでの、私が考えるドキュメンタリーの創作理念をも記した一冊である。橋間おばあ一家をフォーカスしたドキュメンタリー映画『緑の牢獄』、またその撮影期間に同時制作した、1930年代の西表を舞台に逃亡坑夫「ピンギヌム」を描いた短編サスペンスともまた別な、映画創作への私のアプローチそのものと『緑の牢獄』の背後にある長年のフィールドワークとを凝縮してエッセー化したこの本を、ぜひ映画と一緒にご覧頂ければと思う。

著者しるす

黄インイク◉著
黄胤毓 Huang Yin-Yu

緑の牢獄

沖縄西表炭坑に眠る台湾の記憶

目次

まえがき —— 1

序……………………波きらめく日々 —— 11

第一章……………白浜 —— 17

第一節　橋間おばあの家 —— 20

第二節　ルイスの部屋 —— 30

第三節　学校の後ろに立つ空き家 —— 40

第四節　山の背後 —— 51

第二章…………西表炭坑　61

第一節　内離島　64

第二節　宇多良川　74

第三節　聞書　86

第四節　廃墟（一）：海上の孤島　97

第五節　廃墟（二）：マングローブの中で　113

第三章…………台湾　121

第一節　十六坑（ヅァラッケー）と小基隆（ショウケーラン）　127

第二節　廃墟（三）：山林への理解　136

第三節　廃墟（四）：南海の遺跡　145

第四章……失われた部分 159
第一節 文献の分析 162
第二節 来訪者とその足跡 174
第三節 末裔からのメッセージ 185
第四節 九州見学行 194

第五章……証拠 213
第一節 録音テープ 216
第二節 アジアはひとつ 228
第三節 残された記録 239
第四節 佐藤老人の物語 249

第五節　正真正銘の台湾人坑夫——260

第六章……歴史の再現——279

第一節　何をもって真実と呼ぶのか——283
第二節　かつて存在した人と物事——295
第三節　想像と記憶との対話——305
第四節　私たちの存在——317

あとがき——327

引用・参考資料——331

略歴——333

◉本書の刊行にあたり、台湾の国家文化芸術基金会 National Culture and Arts Foundation より助成金の交付を受けました。同会に謹んで御礼申し上げます。

國家文化藝術基金會
National Culture and Arts Foundation
NCAF

翻訳・校閲◉黒木夏兒
翻訳校正◉黄インイク
校閲・資料編集◉林玟君
企画◉ムーリンプロダクション
木林電影
協力◉三木健
張偉郎
装幀◉今東淳雄
組版・編集◉片岡力

序……波きらめく日々

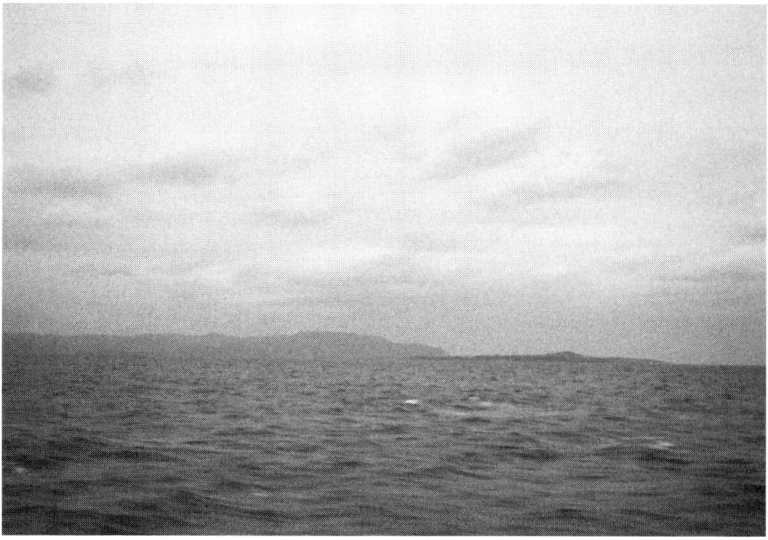

西表島へ向かうフェリーの窓からの景色

将来、自分と『緑の牢獄』にまつわる日々を、こんな風に思い出せたらと思っている。その日々は私にとって、まだ若かった頃の私がそんなにも年老いた命と出会い触れ合った、そういう日々だったのだと。そしてその年老いた命は、彼女自身がこの世を生き抜いてくる上で体験してきた様々な出来事を私に伝えてくれると同時に、この先を一生懸命生きていくよう私に告げてくれていたのだと、そんな風に。

その人たちがもうじきその命を終えようとしている、そんな時に私は彼らの傍につきまとい、彼らの知っていることを少しでも多く教えてもらおうとする。まるで水に漂う古木を手元に無理矢理引き寄せようとするように。

その行動はいったいなぜなのか？　この数年間、ドキュメンタリー制作に於ける倫理に関するこういった質問を時々受けてきた。私は無防備なお年寄りを論文のための取材対象のように見做し、彼女を通して歴史に対する私自身の観点を確立しようとしたのだろうか？　同情的な質問を武器にして、彼らから情報と供述を得ようとしたのだろうか？　この手の質問に苛立つと同時に、私は私自身に問い掛けてきた。私は何を待っているんだ？　まだ準備ができていないって、いったい何の準備ができていないんだ？

時間、だ。全ての問題は最終的に「時間」というテーマに帰結する。『緑の牢獄』の制作に費やしたこの七年の間に私たちが西表島や関連する各所に残した足跡と、おばあと過ごした幾つもの昼と夜は、私の記憶の中の、もう忘れられてしまったささやかなエピソードへと濃縮された。そしてそれらの素材を編集整理する段階になって改めて目を通した時、ようやく私は気付いたのだ。自分がもう、撮影当初にテーブルの後ろ——カメラの傍——に立ち、おばあの視線に向かって小さく会釈を返していたあの青年ではなくなっていることに。

私は既に成長し、パソコンの前に座って、まるで傍観者のように客観的な視点で、映像的価値の有無——その素材が使えるかどうか——を判断する存在になっていた。

映画『緑の牢獄』は完成し、私の手を離れた。そしてこの本は、恐らくその頃の私とそれら全ての記憶をこの世に留めておくための長い長い別れの手紙になるのだろう。

ならば私はこの本を、おばあに宛てた一通の長い手紙として書こう。本当は映画を見せたかったがそれは間に合わなかったから。そんな風にしてこの本を書けば、おばあは私のわがままを許してくれ、私たちは私たちが共に過ごした時間の中の、純粋でシンプルな関係に戻れるだろうか。

ドキュメンタリー映画とは本来複雑なものだ。私がまだ学生だった頃の、主人公——インタビュー相手——とのシンプルでさっぱりとした関係がどれほど懐かしいことか。映画会社、配給、著作権、映画祭などについて検討する必要はまだなく、今のように私たちの制作した映画が審査され観衆の眼に晒されることもなかった。

この映画の中から読み取ることはできないだろうが、実は私とカメラマンの中谷駿吾の二人は、学生時代、そして卒業とほぼ同時に起業して以来の一時期を沖縄八重山諸島で過ごし、この期間に地元との関係を築いている。学生時代の面影とその頃の純粋さをそのまま引きずるようにして今も続くその人間関係のおかげで、この土地は私にとって日本に於ける第二の故郷のようになり、人付き合い、そして私たちの「時間」がどれほど大切なものなのかを私に教えてくれている。

『狂山之海』、これは「八重山諸島に於ける台湾からの移民」をテーマに私が制作・プロデュースしたドキュメンタリーシリーズのタイトルだ。2013年から企画をスタートさせ、一年掛けて各地を回り、この歴史の関係者である台湾移民とその子孫に対してインタビューを行った。2015年から2016年に掛けて制作し完成したのが、玉木家の一家による台湾帰省の旅を中心に据えて80年に亘る八重山の台湾人移民史を整理した、第一部『海の彼方』。そして『緑の牢獄』は2014年から制作に入り、2018年前半に橋間おばあが亡くなるまでインタビュー部分を撮影、並行して歴史考証も数年単位で進め、更に一年の準備期間を経て再現ドラマ部分の撮影を行い、編集とポストプロダクションに一年を費やして2021年の年明けにようやく完成した。第三部は石垣島の「琉球華僑総会八重山分会青年部」に所属する第三、四世代の若者たちの姿を長年に亘って撮りためたもので、2023年の完成を予定している。

これらの撮影と調査を行った日々、私たちはフェリーに乗って石垣島から西表島へ通った。40分間の旅の間中、船は揺れ続けて眠気を誘う。そして西表に着くとそこはもう別世界だ。西表の風景と環境、猛々しく生い茂った熱帯植物、島を一周するいつもまったく人影のなかった道路などがまざまざと目に浮かんでくる。経費節約のため、私たちは毎回、島の南端——安く車が借りられる大原港に着く便を利用した。道路の起点から終点まで一時間半走る。終点が「白浜」、橋間おばあの暮らしている集落だ。

太陽が照りつけ、波がきらめいていたこれらの日々。余りの暑さで、車内から行く手に目をやると、道路が透明な炎に炙られているようにしか見えない時もあった。燃えるように暑く、終わりの見えない夏。もちろん冬だって過ごしたし、寒い日や雨の日もあった。それでも私の記憶の中、西表は灼熱の島だ。カーラジオの電波は途切れがちで、ぶつ切りの音声の中からは沖縄本島の局、大陸の福建省にある統戰ラジオ局、台湾の宜蘭（イーラン）と花蓮（ファリエン）のローカル局の放送が聞き取れた。

おばあと顔を会わせるまでに毎回辿った、この長い長い旅路のことを思い出す。穏やかで静かで、何か議論したりすることもない時間。天気は極めてよく、時には道路に保護鳥——鷹の類——が止まっているのも見えた。この島の裏側にあった広大な「緑の牢獄」——明治から戦前に到るまでの大日本帝国の開発の歴史にして、無数の犠牲者を出した炭坑の開発史、離れ小島という環境を利用して構築された裏社会のような社会構造であり、そして時代の変遷によってもはや悼（いた）む人すらいなくなった一炊の夢の跡は、森の中の巨大な廃墟に成り果てていた。

そしていま私たちが車を走らせ向かっているのは島の反対側――戦前に炭鉱業によって築かれた村「白浜」だ。私たちはそこへ、この映画のただ一人の主人公、橋間良子（江氏緞、台湾語：ガン・シードゥアン）※おばあにインタビューするべく向かっていた。私たちがおばあと過ごしたのは、おばあが88歳の時から92歳で亡くなるまでの数年間でしかない。その時間はおばあの孤独で長かった晩年の生活の中、取り立てて口にするほどのものでもなかっただろう。

それでもそれらの時間が、一つの時代を浮き彫りにするための証拠となり、今の社会に対するたぐいまれなるメッセージになることを私は祈っている。

西表島の道端には鷹などの保護鳥が出現する

※橋間家の元の姓は「楊」だが、おばあは「江」姓の家から養女に来ているため、楊姓ではない。「氏」の字は往時、女性が媳婦仔（シンプア）として未来の嫁ぎ先に入り、実家の姓が旧姓と見做されるようになった場合に、この旧姓の後ろに添えられた文字なので、おばあの名前は「緞」。実家でのおばあの姓名は「江緞」であり、媳婦仔として楊家に入ったことで「江氏緞」が正式な表記となった。

第一章……白浜

白浜の橋間おばあの家

初めて白浜へ赴いた際、港から見える対岸の無人島――内離島（うちばなりじま）――は、本当にすぐそこにあると感じられた。車道を横切るように、凪いだ海面をちょっと横切りさえすれば、もう辿りつけそうだった。戦前、西表炭坑の大半はこの内離島の上にあり、島にはかつて2000人以上の人口が居住していた。

文字通りの炭坑島だったのだ。証言によると当時は明かりが眩く灯り、まるで海上に浮かぶ工業都市のように見えたという。白浜は西表島の西側玄関口として、それぞれの炭坑が日本中に大量の石炭を送り出すための輸出港の役目を担った。今では自然豊かな景色以外目に留まるもののないこの村は、船に乗ってしか到達できない「日本最後の秘境」船浮（ふなうき）地区の出入り口であり、その名に惹かれたダイバーやラフティング客がやってくる。彼らは白浜で簡単なトレーニングを受けてから、更なる秘境へと探検に向かうのだ。

戦時中、炭坑は解散し、白浜村も空襲で燃えてしまった。当時のこの村には現地の人間はいない。炭坑で働くため日本各地から集まっていた白浜村の住民たちは散り散りになり、

白浜からの眺め。右が内離島、左は仲良川河口付近の山

ある者は避難し、ある者は故郷へと引き上げた。戦後、ごく少数の元炭坑村の住民だけがこの地へと戻り、そして彼らの過去の歴史は土に埋もれた秘密となった。

その隣の無人島は外離島（そとばなりじま）と呼ばれ、かつて散発的な炭坑開発は行われたものの、基本的には長年の間誰も住むことのない島だった。戦後は一人のおじさんがこの島で暮らし、常に全裸で野人のように生活するそのおじさんの存在がこの島を有名にした。イギリスのテレビ局が取材に来たこともあったという。近年になっておじさんも年を取り、この無人の王国から引っ越していった。現在の外離島には、野生動物とジャングルしか残っていないはずだ。

白浜とこの二つの無人島とはぴったりと寄り添い合い、空撮をすると海と河で隔てられた山脈のように見える。それらの距離のありようは、私たちが白浜の橋間おばあの家でおばあと語り合う、おばあの心に刻まれた様々な出来事——すぐ傍にあるようでもあり遠いようでもあり、歴史と記憶とが曖昧に寄り添い合っているそれらの出来事——のありように似ている。

拡張工事中の白浜港（2015 年頃）

「炭坑の島」の私たちの心の中に於ける想像上の姿、それは一隻の船と、私たちを導いてくれるガイドさえいればすぐにも海を渡って到達できる場所、だ。撮影当初、私はおばあのうちでただのんびりと過ごしていたいとしか思っていなかったし、遠出の準備もできてはいなかった。それでも、窓の外では新港建設の工事音が囂々と響き、その音はまるで、ここが結局は港の村でしかないのだと、私たちはいずれ出発しなくてはならないのだということを、常に私に訴え続けているかのようだった。

第一節　橋間おばあの家

おばあの家の中は薄暗く、壁には養父母と早くに亡くなってしまった夫の遺影が掛かっている。一人暮らしの年寄りである彼女は、養父が手ずから立てたこの家を守っていたが、全てが老朽化して壊れ、使用に耐えなくなって久しかった。それでもその家、床板、古いテーブルと箪笥、壁に掛かった家族の写真、その全てがおばあの持つ膨大な記憶と物語の鍵であり、そしてこの家自体もまた、おばあの「媳婦仔」※としての長い人生を語りかけてきているかのように感じられた。

※これは台湾語での言い方で、華語では童養媳（トンヤンシー）とも言う。将来的に息子の嫁にする女児を幼少期から婚家側が引き取って育成することにより、家に馴染ませた。育成費用が掛からず持参金も不要となるため、女児の実家側にとってもメリットが大きい。ただし養女制度ともども人身売買のカモフラージュとして用いられるケースも後世になると増え、女児の対価として実家が金銭を得、女児は実際には奴隷として扱われることもあった。

みんなここを「死人の島」って呼んだ。誰がわざわざ来たがるの？　琉球は人を毒する場所だと。

ここに来る前、友達が言った。「あんたのお父さんはみんなを死なせる気で連れていくんだ！」って。私も言い返した。「あんた何言ってんの？　まだ着いてもいないのにそんなこと言う？」って。その友達とはそれで喧嘩になった。人は言うのよ、西表に行くのは墓場に行くってことだ！って。ここへ来ればみんな死ぬんだ！　いったい誰が来たがるんだ？って。

——橋間良子インタビュー、2015

2014年1月に私は初めてここを訪れ、当時88歳だった橋間おばあにインタビューをした。だが、おばあにとっては私が初めてのインタビュアーではない。以前、テレビ局もおばあの養父、楊添福（よう・てんぷく）（台湾語：ユウ・テンホッ）を——西表に暮らす最後の、かつて炭坑で「斤先人（きんさきにん）」（企業などの下請けとして坑夫を手配し実際の採掘も行う）だった台湾人を——訪ねてきたことがあったのだ。この島の住民にとっても、島外からく

る研究者とインタビュアーにとっても、この一家は謎めいた色彩に包まれた存在だった。

そして私にとっては、不思議な空気に包まれたこの古い家の方がもっと魅力的だった。台湾風、という言葉だけでは言い表すことのできないその空気は、この古びた家の中で記憶と絡み合い、まるで雑草のような共生ぶりを見せていた。

白浜村での橋間家の暮らしは戦前の炭坑時代に始まる。戦後にいったん台湾へ戻ったものの二二八事件※の起こったその年に再びこっそりと西表島へ戻ってきた橋間家の人々は、米軍政府統治下での「八重山開発」時代、そして本土復帰後の様々な変化をつぶさに見てきた。

その記憶と、この島に根を下ろしたいという台湾人の願い――自分の属する空間を作り上げるために粘り強く続けられてきた努力、そういったものがこの家には厚く降り積もっている。

後に私はこの家の中でダイニングテーブルをインタビューの定位置とし、決まった角度にカメラを据えて毎回の撮影を

※1947年2月28日に台北で始まった反國民党の武装蜂起。

戦後、台湾に進駐した中華民國・中國國民党軍の資質は低く、多数の犯罪を引き起こしていた。また台湾の資産が接収の名目で大陸に移送されたこともあって、台湾の市民生活はインフレによって第二次大戦中以上の苦境に陥っていた。

この前日に台北市で煙草密売の取締官による威嚇射撃での市民の誤殺傷事件が発生、28日は市民による抗議のデモ隊が、対応を求めて行政長官公舎に向かった。政府は非武装のデモ隊に機関銃で応酬。多数の死傷者が出たことから市民の不満が爆発し、抗争は台湾全土に広がっていく。

國民党政府はこれに徹底弾圧で臨み、多くの台湾人が敵性市民と認定されて逮捕処刑された。

行った。おばあが亡くなるほんの数ヶ月前までの数年間に亘るインタビュー、『緑の牢獄』の大半を占めるこれらの場面はほぼ全部が、同じ位置、同じ角度から撮影されたものだ。

その多くの時間に於いておばあが語ったのは「昔のこと」だった。「内地」へ行ったきり帰ってこなかった「三番目」の息子。終戦後に台湾へ戻った時、軍医にワクチン注射を打たれて以来、小児麻痺になってしまった長男。映画の中では言及されないその他の子供たちに関する様々のささやかなエピソード。

おばあはその父母を呼ぶ時、台湾語では「養父」「養母」という言葉を用い、日本語では「じいさん」「ばあさん」と呼んだ。「父親」「母親」とは一度も呼ばなかった。私が「お父さん」という言葉を用いて質問する時、おばあの脳裏に浮かぶのは、たった三日しか一緒に暮らさなかった実の親の方だった。幼い頃には毎月一度だけ実家に戻り共に過ごした、その記憶はあるものの、大人になってからは再会することもなかった実の親の方だったのだ。

子供たちに関すること以上に、おばあの口からは養父母についての話が出た。それはもしかすると私がいつも、昔のことについてばかり訊ねていたからかもしれない。おばあが口にする養父母の姿は細かな部分まで鮮明で、それを聞くたび、私は目の前の90歳になりなんとする老婆の姿を通して、この島に連れてこられたばかりの頃の少女を――びくびくとして両親の背に

秘密裏に虐殺後、遺棄された遺体も多く、事件の被害者数は現在まで完全には解明されていない。しかし事件の後半になると、中華人民共和国の成立を受けて國民党と共に台湾に逃れてきた外省人のインテリ層などにも被害は拡大し、後には戒厳令と白色テロに繋がった。

隠れがちな、そんな少女の姿を見るような気がした。

おばあの口調は荒っぽくぶっきらぼうで、台湾語でしゃべる時には常に悪口雑言交じりだったが、それは自分の家庭を守ろうとする虚勢のようだった。自分たち台湾移民は社会の弱者であり被害者であるのだという意識がそこにはいつも透けていた。

学校も行かんかったよおばあは。一日も教室の中入ってないよ。「炭坑もの」って呼ばれるの。炭坑の蕃人※って言って、姿見るなりぶったり、石投げてくるの。薪の束やら投げてくるの、束で投げてくるのよ？　届きゃしないけどね。

そういうやり方でいじめるのよ。今もしあいつらと会ったって、絶対口なんかきかない。

――楢間良子インタビュー、2015

※オーストロネシア語族に属する台湾の原住民族のこと。高砂族と呼ばれるようになるまで、「野蛮人」の意味であるこの呼称が使われていた。ここでは「ガイジン」に近い意味で使われている。おばあたちは実際には清代に入ってから台湾に移住した客家（ハッカ）人系の漢民族。

不満がない訳がないのだ。うたかたの塵だって積もれば山にもなる。数十年前のことはありありと覚えていてくどくどと言い募り、そのくせ最近のことはほとんど覚えていない、それが年寄りというものだ。おばあの家に通い始めて間もない頃、今が何年何月なのかをおばあがどうやら覚えていないらしいことに私は気付いた。カレンダーのページは数ヶ月前からめくられていなかった。

時の止まったような。これがその古い家に対する私の第一印象だった。時間はまるでおばあの記憶そのもののように、この島の片隅で氷漬けにされている。長年手入れがされていないせいで無期限に「通行止め」になっている山道の脇に埋もれたようなこの古い家は、その地形も配置も、その外観も、閉じこもりがちな住民――おばあの存在までもが全て、この歴史の最後の生き証人のようであり、そして声高に証言することなく隠者のようにひっそりと生きていくことを選んだかのように見える。

おばあのお子さんたちはどうしているんですか?という問いに対しては、五人ぐらいはいる、という言い方でおばあは答えるはずだ。実際には別の台湾人家庭から迎えた養子（1970年代に亡くなっている）と、決裂した長男、失踪してしまった次男の他に、まだ三人の子供がいる。しかし彼らも滅多に故郷へは戻ってこない。孫の名前も、孫が何人いるのかさえも、おばあは忘れてしまっていた。

おばあの記憶は膨大で深く、そこにはトラブルや怨念も多く潜んでいる。だからインタビューを何度も繰り返さないと、その記憶の全貌は見えてこない。2014年と2015年のインタビュー映像を見返していた時、その二年間に於けるインタビューが単に橋間おばあの人生の詳細を寄せ集め、なぞっただけのものにしかなっていないことを、私は不意に悟った。私はまるで文字を覚えたばかりの小学生のようなもので、厳しい先生に必死についていこうとして、暗闇の中で闇雲にもがいているだけだったのだ。

長年語られたことのなかった物語が、今、語りだされようとしていた。そしてそれは薄めることなど不可能なほどに濃厚なものであるはずだった。

２０１６年以降のインタビューはこれまでのものとは違い、心理戦のような段階——長い長いインタビューの中で手掛かりを探り、潜在意識の中に埋もれている真実の声を探り当てる過程——へと踏み込んだ。

歴史が全体像を持つ、そんなことは可能なのだろうか？　たった一人の人間の個人史に過ぎない年寄りの記憶の中にすら、いまだかつて光を当てられたことのない暗い片隅があり、全体像を組み立てることなど不可能なのに。

カメラの位置を調整することはしたくなかった。私は単にもっと話を聞きたかったのだ——映画の作り手としての観点から物事を色々と考えるのではなしに。私はただインタビューの時間が来るたびにいつもの位置に座って、もっとたくさんの質問をし、おばあの言葉に少しでも多く耳を傾けていたかっただけだ。

２０１６年から、私はようやくおばあの記憶の暗がりへ足を踏み入れた。坑夫について炭坑時代に伝え聞いたりその目で見たこと、おばあの元から去ってしまった子供たちについて本当のところはどう思っているのかといった「耳に快くない」事柄——それらについて質問するのは、ドアを細く開けて記憶のトンネルを覗き込むような行為だった。何十年にも亘っておばあから安眠を奪い、明け方までひたすら寝がえりを打たせてきた「不可解な出来事」。ドアの後ろに隠されていたそれを、私もほんの一瞬だけ垣間見たのだった。

夜は横になると思い出してね、台湾から来たばかりの頃はどんなだったどんなだったって、いろいろ思い出すから、だから一晩中眠れない。

——橋間良子インタビュー、2014

おばあと養父の楊添福との関係、それを考えるのに私はかなりの時間を費やした。おばあの立場からすれば、今日に至るまで彼女とこの家族とを守り、生まれたばかりの彼女を引き取り、10代の時にこの島へと連れてきた後も大人になるまで育ててくれた大恩ある養い親だ。だがおばあは文盲で、西表島に来てからも学校へは行っていない。幼い頃からほとんど外へ出ることもないまま養家で、ある意味箱入りに育てられてきている。その分「大きな歴史」を認識していないおばあにとっては、時代の変わり目に於いて理解しがたいもつれた部分が生じてしまうのだ。このもつれこそがこの映画に於いて私が追究すべき部分だと、私は考えていた。

この「不可解さ」は、一人の人間が一つの事件と向き合ったことで生じた「理解しがたさ」だ。目の前で発生する物事をただ鵜呑みにすることしかできなかった結果、その原因も過程も理解しがたいものになってしまったのだ。

どうして?という疑問が、十万個もの「なぜ?」が、おばあを数十年に亘って眠らせずにいた。そしておばあが最後に絞り出した言葉も「なぜ?」だった。橋間家にこの国境の島で時を紡がせるに至った大きな歴史の歯車は、それと同時に、時の移り変わりの中で幾つかの時代の断層をも産み出した。そしてそれは、ごく個人的な一家の歴史の中にすら幾つか発生し、各世代間に記憶の継承に於けるクレバスを生じさせたのだった。

これらの「記憶のクレバス」の意味と、それらが指し示しているその背後の光景とを、私は追い求めている。おばあが目撃した「不可解な出来事」も、あるいは長年に亘る忙しい日々の中でこの家族に生じた化学変化のような変質も、言葉にならず理解もできないブラックボックスのような記憶となってそこに潜んでいるはずだからだ。

最初の「断層」は、ある日おばあを車に乗せてよそへ訪ねていく道中で姿を現した。車内で何かしゃべっていた時、おばあが不意に口にしたのだ。「一生懸命働いたのは子供たちを学校に行かせるためよ。でも育ったら親不孝者になっちゃった。人生で一番、甲斐がなかった」。耳に突き刺さるようなその言葉は、走行中の車内に響く単調なエンジン音と共に、無意識の恨み言として空気中に漂った。

甲斐のある事とは何だろう？　愛の投資とリターン。コストに見合った価値。おばあの心の内には自ずから生じた判断基準がある。橋間家が移民の一家として潜り抜けてきた時代の全ては、おばあの世代とその親世代だけに属するもののようだった。そしてこのがらんとした家の中で常に欠落した存在である子供世代、孫世代は、私がこれまで目撃する術(すべ)も観察する術もなかった「空白」として、自分たちの存在を訴えているように思えた。

おばあはいつも、子供たちにああしてやったこうしてやったと話す。だが、それがよいことであれ悪いことであれ、他人の家庭の事情は外からは常に見えづらいものだ。しかしその一言はおばあの心に刺さっている一本の棘として、この家族の歴史に於ける子供たち世代の変質と、彼らが揃ってこの家から立ち去ってしまったこと、そしてそこには軽視すべきではない感情の行き違いか、あるいは原因があるに違いないことを私の前に露わにした。そしてその家族史上の「不可解なこと」へのおばあの対応も、現実を認識し、それをただ嘆くだけの場当たり的なものに過ぎず、そのため結局それがなぜ生じたのかを理解し納得するに至ってはいないのだということも。

第二の「断層」は、あるインタビューの最中におばあがふと口にした「じいさんと私は似てるんだって。あり得ないよ！　実の子じゃないのに！」という言葉だ。養父の悪口をこれまで言ったことのないおばあが、自分と楊添福が似ているという可能性を否定した（あるいは拒んだ）のだ。この一言はおばあを「一個人」の立場へと——一個の独立した個体へと、立ち返らせた。幼い頃から未来の嫁として楊家で育ったおばあは、それでも最初から最後まで「楊家の人」ではない独立した存在だったのだ。

これによって私もまた気付かされた。家族の歴史と大きな歴史の複雑な絡み合いを認識した今、おばあは「楊添福の娘」と定義されることを、あるいは「台湾人斤先人（親方）の娘」として語られることを拒んだのだと。歴史の中の「当事者」であるにもかかわらず、おばあはレッテルを張られ同化することを内心では拒絶していたのだ。それはこの古い家におばあがおばあ以外の住民を——主体性を備えた存在を——置かないのと同様の、ささやかな「拒絶」だった。

「家」とは何なのか？　私が思い起こすのは、一人で過ごす膨大な時間の中、おばあが祖先と養父母の位牌へ儀式のように線香を供えていた姿だ。おばあにとってそれは、一人で暮らすようになって以来の個人的な記憶のありかを築くための大事な行為だった。ならば、おばあにとっての「家」とは、多くの「家庭」の時代を経てきた楊家（橋間家）の古い家そのものであり、――そして私が訪れるごとにその歴史の終着点へと近づいていく最後の日々そのものでもあったに違いない。

第二節　ルイスの部屋

おばあの家は、建物の右半分が母屋で、左半分が独立した離れだった。おばあのリビングと台所、そして寝室があるのが右の母屋の側、そして左の離れには小さな和室が二間と、独立したバス・トイレがついている。今は既に使う者のない離れだが、このうちの一間は以前「ばあさん（養母）の部屋」だった（養母は100歳近くまで生きて1998年前後に亡くなった）。そしてもう一つの和室を、おばあは後に人に貸すようになった。

しかし橋間のおばあは風変わりな性格で、決して一緒に暮らしやすい相手ではない。このためかつての店子たち（全員地元の人間ではなく、田舎暮らしを何年か体験したくて西表島へやってくるような放浪者だった）はいつも、おばあと一つ屋根の下で暮らす気まずい日々にそそくさと終止符を打つ羽目になったそうだ。大家としては、おばあは確かに口うるさく、異様なまでに厳しい。家賃は高くはなく（おばあの生活は僅かな年金頼みであるにもかかわらずだ）、店子に求められているのはむしろ日常生活上の様々なヘルプ（若い労働力）なように見えた。店子へのそんな要望も、辺境の離島西表島で一人暮らしをしている齢（よわい）九十になりなんとするおばあの出す交換条件であれば、至極当然のささやかなものに過ぎないだろう。

ルイスがこの部屋に引っ越してきたのは、2015年の4月くらいで、以来彼は橋間家の左半分の住人になった。おばあはどうやらルイスの名前をうまく覚えられなかったらしく、いつも「アメリカさん」と彼を呼んだ。

ルイスとその父は西表島で暮らし始めて既に五年程度になる。カリフォルニアで生まれハワイで育ったルイスは、14歳の時に父親と一緒に神戸へ引っ越し、そこで継母（ステップマザー）と暮らした。その時点で既に数回結婚と離婚を繰り返していた愛の夢追い人であるルイスの父は、その後も恋愛遍歴を重ねて日本国内を転々とし、ついにこの父子は西表島に辿り着いた。そしてルイスは白浜の村が気に入り、自宅から引っ越してきたのだ。

初めてルイスと対面した時、私と同じ年の彼は当時27歳だった。既に『緑の牢獄』の撮影を一年以上続けていた私に

部屋にいる時はゲーム三昧のルイス

とって、これはおばあの一人暮らしにようやく訪れた変化であり、この古い家が再び若い生命力を得て甦るのだという予感に幾分興奮したのも確かだ。それでもそれはほんの一瞬で、基本的には私はルイスのことを、それほど重要な存在ではない単なるおばあの隣人としか考えなかった。おばあの撮影を終えた後でいつも少し言葉を交わしてはいたが、それだけだ。わざわざルイスを撮影しようとは思わなかったし、ルイスをこの映画の登場人物の一人として認識したこともなかった。

事情が変わったのはその数ヶ月後だ。２０１５年の夏、この古い家は異様に温かな空気に包まれていた。庭の花は咲き乱れ、筍はすくすくと伸び、おばあとルイスの生活には濃密な付き合いが生じていた。短期間に起こったこの変化を私たちも察知し、すかさずそこに飛びついた。この夏に撮影したルイスとおばあの共同生活のワンシーンは、全体としては重苦しい悲しさを帯びた映画となった『緑の牢獄』の中で、一服の清涼剤の役目を果たした、そう私は信じている。私たちにとっても最も忘れがたい、平凡だが心地よい静かな日常の時間だった。

しばらく住むだけの予定だったけど、狭いけど、ここ好きなんでね。落ち着いてる感じがいいよね。

他は、僕がいて（おばあも）助かるんじゃないかなって思うし、買い物とか車で行けるしさ。

あと、家賃も払ってるでしょ。おばあは年金少ないからさ、大変だよ。

――ルイスインタビュー、２０１５

ルイスにもルイスの悲劇と、乗り越えようにも乗り越えられない壁がある。早すぎる結婚に失敗して元妻の家から追い出されたものの、この島を離れたくはなかったルイスは、この島で最も年老いた「よそもの」であるおばあの家にまるで漂泊の旅人のように身を寄せたのだ。別に結論を急ぎたい訳ではない私たちは、この店子によって橋間家にもたらされる変化を静かに見守ることにした。

私たちがルイスの借りている部屋に初めて足を踏み入れたのもその夏だ。一緒に酒を飲みながらしゃべったその楽しい時間は、完全な偶然に支配された交流の時間だった。カメラが回っている事すら忘れていたくらいだ！　ドキュメンタリーの撮影中に発生するこういう瞬間が私は大好きだ。ファイナルカットを作る際に、その時の映像をやはり使うことにしたからといって、それが偶然生じたものだったことに変わりはないし、その価値を減じもしない。

ルイスは面白い人物だった。彼はとてもまじめに生活し、とてもまじめに悲嘆に暮れ、そして酒でその悲しみを一瞬だけやり過ごそうとしていた。毎日ジャンクフードを食し、不健康に太っていくのも致し方のないことだった。

「善良」という言葉で私はこのルイスを形容したい。彼は世界を理解しようと、それらの重すぎる現実が自分の青年時代に伸し掛かってきたのはなぜなのかを理解しようと努めていた。冷静さを保ち、生きる意味を探り当てようともがいていた。

僅か六畳の畳敷きの部屋の壁には、ルイスの思い出の品が飾ってあった。従軍歴のある実母は彼の尊敬の対象だったし、あちこちを旅した父親に関する品もあった。ルイスが憧れて止まない日本の深山幽谷の記念品や、神社のお札も掲げられていた。

すぐに私はルイスに魅了された。この映画が最終的にルイスの登場に適した作品になろうがなるまいが、個人的な資質という面に於いてルイスは私を惹きつける、ドキュメンタリーの被写体向きな人物だった。

その日常生活から西表島でのここ数年間の暮らしに至るまで、私たちはルイスにインタビューを行った。一人でいることに慣れているルイスは、まるでトレジャーハンターのように目的もなくぶらぶらと彷徨い、日常的な冒険の中で炭坑時代の無数の「廃墟」へと無自覚に足を踏み入れ、幽霊の伝説を耳にし、幾つもの「証拠品」を拾い集めてきていた。

昔、自分の家があったっておばあが言ってるところ、そこの川のとこ行ったら、今でも50年前のビンとかあるよ。

「なんでこんなものここにあるの?」ってびっくりする。見つけた時、ほんとに跳び上がった。数もいっぱいあるしさ。

これもだから川で、泥の中で見つけて。50年代から40年代の日付が書いてあるビンも……もっときれいにしようと思ったらできるけど。こういうのもたまに見つけるさ。すごくない?

——ルイスインタビュー、2015

ルイスとおばあの関係は日ごとに密接になり、一種の共依存的な日常へと落ちついた。時にはぶつかり合い、時には互いに助け合う、そういった当たり前な関係に。

そして交換条件が充分に果たされなかったからかもしれないし（ルイスはおばあの庭の草刈りなどは手伝おうとしなかった）、あるいはおばあの過干渉のせいかもしれないが（どうやれば女性を連れ込めるかというような）――つまるところあの奇跡のような夏の日常は長くは続かず、ルイスはますます寡黙になり、憂鬱そうな人物へと変貌していった。

今にして思えば、当時の私はおばあとのインタビューの内容が新たな段階へ踏み込んでいったことにばかり集中していて、ルイスの変化に注意を払う余裕がなかった。そしてルイスは2016年のある時――私たちがまったく予想のしようもなかったある時に、そそくさとこの部屋を、この島をも引き払い、徹底して遠ざかっていってしまったのだった。その様はここに一時だけ居を定めた他の旅人と同じだった。彼らは皆、ある日ふとそれまでの全てに見切りをつけてしまい、後の始末を終えると早々にいなくなってしまう。孤独な大家さんと、「処分」が間に合わなかった不用品とを残して。

ルイスの消失に驚いていた時、おばあは既に住民がいなくなってしまったその部屋の中で、緑色の腕時計を一つ拾った。プラスチック製の安物のそれは、ルイスの腕時計だった。まるでルイスを偲ぶように、そして人生の中で様々な人々を見送ってきたおばあの慣れ親しんだ別離の悲しみが戻ってきたかのように、それからの数ヶ月、おばあはその時計をダイニングテーブル脇の食器棚の上に置いていた。時が経ち、その時計はルイスの記念品となった（それともあの時計は「時間」をモチーフにしたモニュメントになったのだろうか？　そしてがらんとした家の中で今もまだひそかに時を刻んでいるのだろうか？）。

それ以来、この古びた家に新たな春風が吹き込んでくることはなかった。庭の手入れがされることはなく、おばあはますます家に閉じこもりがちになり、日ごとに老いさらばえていった。家の中の時間は再び停滞した。

未練がましい私たちは、その後も三度に亘って、彼を訪ねていった。一度は大阪で会い、二度は高野山へと向かった。馴染みの友人となったルイスに会いたかったし、彼が私たちにもたらしてくれていた温もりを少しでも取り戻したかったのだ。

最後のインタビューとなった２０１８年の春、私たちは関西空港への到着後に長い旅をして、極楽橋から高野山へ向かうケーブルカーに乗った。私にとって高野山へ来るのはこれが三度目だ。最初に観光で訪れた際は、雪に覆われたこの神聖な山を、日本の仏教聖地を巡る以外の目的で再び訪れることがあるなどとは思ったこともなかった。しかし、実際には私は二度もルイスを訪ねてこの山に登っている。海抜８６７メートルの駅の改札口で、私たちはルイスの姿を──関西に戻ってかなり太った身体を赤褐色の法衣に包み、剃髪したルイスの姿を目にした。そう、日本の山と神道に傾倒していたルイスは、最終的にある時点であらゆる世界との繋がりを断ち切って、出家することを選んだのだった。全てはとても道理に適っていた。

高野山でルイスと過ごせる貴重な時間を私は無駄にはしなかった。それは今思い出しても感動に満ち満ちた時だった。この映画の進むべき方向に迷って、ぐずぐずと考えあぐねていた当時の私を、ルイスはその勇敢な選択と成長とで励ましてくれた。その寒い雪の夜、ルイスの力強く輝く目を見たことで、私も血が熱く沸き立つのを感じていた。

「新しい時代」に踏み込んだルイスは、過去に別れを告げることを選んでおり、私たちは彼が封印してしまうその時代の記憶に属する存在だ。まさに捨て去ろうとする、そして捨て去られようとするその寸前に、私たちは互いに手を伸ばして、最後にまだ残されていた僅かな繋がりとかすかな温もりにしがみ付いていた。夜の高野山の冷え冷えとした空気の中、私たちは皆で散歩し、花が満開になっている美しい光景を目にした。そうだ、それは晩春の出来事だったはずなのだ。

ある日もう気付いたんだよ、なんかもうここおる必要ないやん俺。しかもなんか、日本じゃないやん西表は！　日本やけど日本じゃないし、んで俺は日本が大好きやから。神社もあって山もあって、寺もあって。だからその日本に、日本に戻りたかったんだよね。

沖縄は沖縄で別にいいと思うけど、風景とかが好きやけどさ。海があるからやな。こう、生きてるって感じのした六年間なんだけど、今振り返ってみるとなんにも得てない、ちょっと残念な気持ちが残ってるね。

——ルイスインタビュー、2016

『緑の牢獄』の制作資金を国外からも募るべく、私は幾つものピッチングイベント（企画中及び作成中の映画に対する出資を募るための、ディスカッションを伴うプレゼン）に参加した。プレゼン後にいつも――それなりの時間を費やしての――議論の的となったのが、この人物の存在だ。この人物を出す必要はあるのか？　彼は誰なんだ？　この映画の中でこのキャラクターは充分に成長を遂げていると言えるのか？

ルイスの登場シーンを増やすのか、それとも完全に削除してしまうのか、この「アメリカ人」に関するあちこちからの意見は、いつも私たちを悩ませた。それは単に私たちが彼のことをこんなにも好きだからなのだろうか？　いや、私たちのこの数年間の生活にとっても、この島と橋間おばあの人生について私たちが考える際に於いても、ルイスは伴走者のように共生している存在であり、『緑の牢獄』の必要欠くべからざる重要人物だったからかもしれない。

更に重要な点は、私が彼をおばあの比較対象となる存在として使いたいと思ったことだ。高野山での最後のインタビュー時に、若い男性であるルイスが語ったことは、選択の余地がなかったおばあの人生とはほぼ正反対の、豊かで揺るぎないものだった。

この映画のラフカット――初期編集版を作り終えた時、ここのインタビューに於けるルイスのとつとつとした口調に、涙が溢れてきた。ルイスの存在は、この映画が観客の内に呼び起こす感情にとって、一つの句読点になっているのだと私は思う。そしてこの「区切り」は極めて冷酷で無情なものでもあった。なぜなら「私たち」も既にルイスからは切り離されてしまい、映画に写っている「あの頃」と同じくその区切りの前に並べられてしまっているからだ。

2016年に私はルイスが引っ越して島から離れていってしまったという事実に接し、

２０１８年には橋間おばあがこの世を去ってしまったという事実に接した。これ以降、私たちは西表島にいる時にはいつも、私たちの知っている人はもうみんないなくなってしまったのだと感じるようになった。

古びた家は老朽化し過ぎて新しい廃墟となり、庭も草が生い茂って既に荒野の様相だ。どこまでも空疎で、そこにはもはや人の気配を感じることはできない。『緑の牢獄』のたった二人だけのメインキャラクターは、今や二人ともこの島の上にはいなくなってしまった。

それでも私の中にはより大きな勇気が湧いてきている。それは私を励まし、前に進ませ、そして私に告げている。この映画を私は完成させるべきなのだと。

第三節　学校の後ろに立つ空き家

白浜小学校の真後ろに、荒れ果てて久しい廃屋が一軒建っている。建物の構造は一見昔ながらのコンクリートブロック建築なのだが、しかしよく見ると老朽化した木造建築の骨組みの上に、ある時、単管パイプとトタンとで屋根が付け加えられたのだとわかる。

「白浜小学校」は昭和12年（1937年）に南海炭鉱、星岡炭鉱、丸三炭鉱などの炭鉱会社が共同で作った小学校だ。今では日本各地の過疎地に於ける学校と同じく、少子化による「廃校」危機に面していて、生徒は全校で17人しかいない。

敷地の裏手にあるこの古びた建物だけが、校内の他の現代的な建物とはまったく違った存在として怪しい雰囲気を漂わせている。「炭坑村」と過疎地の小学校との歴史の中、この廃屋も伝説に満ちた一面を持ち合わせていたりするのだろうか？

橋間おばあは夕方になると小学校の運動場を通り抜けて、

白浜小学校の裏手にある廃屋

養父母の墓前へと向かう。その散歩の道中、おばあは記憶の中の様々な光景——「この辺りは以前は全部海だった」「ここには昔、学校の宿舎があった」などを私に話してくれた。……そしてこの廃屋の傍を過ぎる時におばあが私に告げた言葉はこうだ。「ここは昔の台湾人坑夫の寮よ。随分昔のことだし、その後はずっと誰も住んでない。だからすっかり荒れちゃった」。

石炭を陸から本船に積み込む作業は、たいへんな重労働であった。これらの作業には、炭坑の坑夫や島の人たちも日雇いとして従事したが、昼夜兼行で行われる作業とあって、日頃から栄養不足がちの坑夫たちは、たいてい二、三日もすればへたばった。そうした中で台湾人苦力たちは、よく働いていたという。その秘訣は彼らの食事にあった。彼らはおかゆの中にニンニクを塩もみしたものをぶち込んで、それを毎日のように食べていたからだったという。

——『民衆史を掘る　西表炭坑紀行』（三木健、１９８３年）

ならばここは炭坑の「台湾組」がどんな生活をしていたかを今に伝える廃墟なのだろうか？釘を打ち付け、板で塞いである窓の前に立ち、私は当時の気配を探ってみようとした。戦前の炭坑に於ける台湾人の日常生活について、想像したことはあるがその答えは得られていない。雑多な板やトタンで「封印」されているようなこの空き家は、住民も管理者も、訪問者もないままに、当時を一滴も漏らすことなく閉じ込めているように見えた。

後日、この廃屋は白浜村で暮らすＦ家の持ち物だと耳にし、私たちはＦ家の門を叩いた。しかし返ってきたのは「あそこは確かにうちの所有だが、炭坑とはまったく関係がない。戦後になってから建てたものだから」という木で鼻をくくったような答えだった。廃屋の様子を窺う私たちの姿は小学生たちに見られている。彼らからすれば私たちは、村のとっくに忘れ去られた秘密を今になって無礼にも探り回る「不審者」「変なよそ者」以外の何物でもなかったに違いない。

ならばおばあの説明が間違っていたのだろうか？　だがおばあの語り口は生き生きとしていて、戦前のその建物に溢れていただろう男たちの汗と、夜ごとの酒の臭い、熱帯夜のうだるような暑さのイメージが私の脳裏に瞬時に浮かび上がるほどだっ

廃屋と、その庭部分にある使途不明な何かの残骸

た。そしてF家もまたこの村の、炭坑と関係のある一家であり、沖縄の歴史研究者、三木健氏の本の中にも登場していて詳細な記述がある。加えておばあとも付き合いのある家なのだ。

ある時F家の娘がね、シャツもズボンも脱いで坑道に入ろうとするの。
「服脱いで何するの？」って私が訊いて。
そしたら彼女が「石炭掘りに行く！」って、それで私も一緒に行こうって。
私は坑道入る必要ないよ。そりゃ坑夫と一緒に西表に来たけど、それだけだもん……。
まさか一緒に服脱いで坑道入ろうって誘われるとはね。
「私いやだよ」って答えたら、「なんで？　どっちも女なんだし気にしなくていいのに……」って。

――橋間良子インタビュー、2017

記憶の欠片（かけら）を拾い集めても、ものによっては曖昧で、どう処理していいかわからない。あの廃屋もただ無言で佇（たたず）んでいるだけだ。90歳という高齢だったおばあの記憶が、他の村人の記憶とは食い違っていた可能性はあるだろうか。おばあのことを親し気に「楊（ヨウ）の姉さん」と呼んでいた、同じ年ごろのF家の娘、それとF家の家風やおばあとの友情が、あの廃屋と何らかの接点を持つことはあったのだろうか。

お父さん、おばあの旦那よ、が船浮、いや、違う、祖納のナンタ浜のところに、別の炭坑に、じいさんとうちなんかとお父さんと三人で行ったらね、そこの炭坑の責任者（F家の父親）さ、もう連れられて帰ってきて（急に出てきたその炭坑の責任者であるF家の父親によって三人ともその炭坑に連れていかれて）からみんなうしろ向けって言ってから、すぐこの木刀でお尻、何回もたたかれたことがあるよ。

たたかれてのね、一週間ぐらいはこの椅子も座られない。むかし、こんな座布団ってないでしょう。もうボロボロの洋服なんかよ、子供がいっぱいおるから、あんなのみんな集めて置いて、敷って座らしてるよ。かわいそうだったよ。

これがいつまでもね、こんなにいじめられて、だから（あの時の別の炭坑の責任者は、その報いで）早く死んでるねって、あんなにしか思わない。これだけが絶対忘れん。

——橋間良子インタビュー、2017

ドキュメンタリー映画の撮影工程に於ける推測と考証とは、客観的な史実と個人の認識との間を彷徨うのに似ている。土砂降りの雨の中で前進を躊躇いながらぐずぐずしているうちに、出発点も目的地も思い出せなくなってしまい、自分が雨の中をうろつき回っているということしか意識できなくなってしまうようなものだ。

私のような臆病者は、それを事実だと自分に信じさせるだけの説得力を持った観点を探し当てるために、多くの時間を費やさなければならない。

２０１６年、この映画のためには新たに研究的且つ観察的な視点を急ぎ加える必要があると感じた私は、歴史考証チームを立ち上げることにした。メンバーは台湾の炭坑研究の専門家である張偉郎（チャン・ウェイラン）氏と、台湾で博士課程に在籍中の日本人と沖縄人の学生、以上三人だ。

２０１７年初頭、張先生と共に西表島の現地調査を進めていた私たちは、再び学校裏手のあの謎の廃屋へと戻ってきた。それが炭坑の建物だと即座に見抜いた張先生は、それに加えてこの建物が隠し持っている背景を地形から見て取り、廃屋の背後にある小高い丘へと一人分け入っていく。

その丘を包んでいるのは沖縄の各地によくある、人の手の入っていない山林だ。道もなければ足を踏み入れる空間すらない、人の立ち入りを拒むその山の中に、先生は果敢に潜り込んでいき、そして山頂であっさりと、炭坑時代に使われていた二棟の「火薬庫」の廃墟――白浜の住民ですらほとんどが、その存在を知らないだろう建物――を、発見したのだった。

私たちは再び橋間おばあの家族史を調べ、昭和12年（１９３７年）から昭和20年（１９４５年）の終戦前に掛けての数年間に於ける橋間家の豊富な引っ越しの歴史から、おばあの養父、楊添福らによる採掘地がどのように移り変わっていったのか――彼らは採掘を終えた坑道にはさっさと見切りをつけて次に移っていた――を理解した。おばあはその引っ越しのだいたいの順序に加え、六、七個の詳細な地名をも記憶から掘り起こしてくれた。

三木先生がまとめた「内離島・白浜」の炭坑配置図と突き合わせると、学校裏手のこの丘も、パズルのピースの一つとして繋がる。ここは楊添福がかつて採掘を請け負った「東山坑」の所

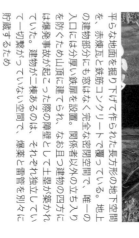

平らな地面を掘り下げて作られた長方形の地下空間を、赤煉瓦と鉄筋コンクリートで覆っている。地上の建物部分にも窓はなく完全な密閉空間で、唯一の入口には分厚い鉄扉を設置。関係者以外の立ち入りを防ぐため山頂に建てられ、なお且つ建物の四方には爆発事故が起こった際の障壁として土塁が築かれていた。建物が二棟あるのは、それぞれ独立していて一切繋がっていない空間で、爆薬と雷管を別々に貯蔵するため

在地だった。毎日坑夫たちのために食事の準備をしていたおばあが、数百人を超える坑夫が居住していた「炭坑村」の、「台湾組」の坑夫たちの寮だったこの廃屋について記憶していたとしても、何の不思議もない。

白浜部落

西表島の西部、仲良川の河口に位置している。その場所は古くは水田地帯で苗代田であった。明治の末期頃から、西表島における採炭事業の進展と共に、ここに祖納からの移住者や

炭坑従業員、その他関係者の住宅、炭坑事業所などが建設され、又港は船着場としての条件もよく、石炭の積出港として貨物船の入出港で賑い、炭坑町として次第に部落が形成され、発展して行った。去る大戦中に採炭事業が中止された為、往年の繁栄は消えてしまったが、戦後十条製紙株式会社の子会社である八重山開発株式会社によるパルプ村の伐採、並に植樹事業によって、再び息をふき返した。（中略）日本政府は復帰後、西表島は開拓よりも自然保護を優先する政策をとるというので先行き不安を感じ、沖縄本島や日本本土に転出して行く者が続出している現状である。

――『新八重山歴史』（牧野清、１９７２年）

２０１９年、おばあの戦前の記憶を再現するために、この映画の「再現ドラマ部分」撮影の準備をしていた時、私たちは資料に於ける描写や古写真を参考にするのとは別に、この廃屋のことも思い出した。それはまるで一つのヒントのようで、それ以降、戦前の坑夫寮でのおばあと「台湾組」の生活を想像する時には私たちはいつも――事実を推測するにしろ、朧（おぼろ）な記憶を描写するにしろ――実際にはまだその内側へ足を踏み入れたこともないこの廃屋を舞台にして、「台湾組」が送っていたかもしれない生活の様子を思い描くようになっていく。

数百人の坑夫がこの三谷坑を中心に働いておりましたが、なかには朝鮮の人が十人くらい、台湾の坑夫が百人以上はおりました。謝景という台湾人がもっていた炭坑、これは沖縄炭鉱の下請けですが、そこはほとんどが台湾人の抗夫でした。台湾人抗夫のなかには麻薬患者が何人もいて、アヘンを病院でうってもらいたいために働いているありさまでした。しかし、病院、これも会社の経営ですが一日に一、二回しかうってやりませんでした。

――『民衆史を掘る　西表炭坑紀行』（三木健、1983年）

最終的に私たちは石垣島にあるテーマパーク「石垣やいま村」の園内にある再現建築「海人（うみんちゅ）の家」と「農民の家」の二棟を改造して、私たちの想像する坑夫寮に近付け、台湾人坑夫たちが飯を食い、騒ぎ、博打に興じ酒を飲む蒸し暑い夏の夜を再現した。

「石垣やいま村」での撮影は、緊張とプレッシャーに満ちたものとなった。食事の光景、博打をするシーン、坑夫の寮、彼らが雑魚寝（ざこね）する大部屋、そして当時の楊家の場面が撮影された。

もう何年も土砂降りの中でぐずぐずと立ち尽くしていた私だが、それでも2019年の撮影当時は、いくばくかの不安

家の間にトロッコ用の軌道が見える昭和10年代の白浜

は相変わらずあったものの、この映画が本来の撮影意図により一層近付いていることを、低予算ゆえの限られたロケ時間と金銭的な重圧の下でも確信していた。

２０１４年から15年に掛けておばあのライフストーリーに詳細に耳を傾けた学習の日々。２０１６年にはおばあの口述に対し幾らか不信感を抱くようになり、歴史考証チームを立ち上げて調査を行った。その後、２０１７年はおばあが亡くなる一年前であり、おばあが衰弱していく様子を目の当たりにした。そして２０１８年から２０１９年に掛けては様々な炭坑関係者や住民へのインタビューの収集に奔走し、文献と資料を漁って、この映画の内容に関係するあらゆる「証言」を集めた。

２０１９年年末のこの「再現ドラマ撮影」の段に至り、「私とおばあとの対話」も終着点に差し掛かろうとしている。

「歴史的事実」と、幾分憶測が含まれているように見える「記憶されている真実」。完全に折り合いをつけることも実証することも不可能なこの二つの間で、最終的に私が信じることにしたのは、七年間に亘る「おばあとの対話」の方だ。今この時に私が口にしたいのは、おばあに向けての、そしてこの歴史に対しての、回答としての言葉なのだ。

しかし俳優と美術スタッフによる再現ドラマという現代的且つ即物的な手法を用い、過去をリアルに出現させているこの状態の中では、私がおばあに回答したいその「言葉」だけが異物だった。その「言葉」が今この環境の中で「浮いて」いる様は、私とカメラマンの齟齬がいつもおばあの家で感じていた「まるで別世界にいるような」一種の不可思議さそのものだ。

あの家の中はおばあの記憶――「一つの抽象的な考え」そのものだった。「現実の存在」である私とカメラマンの駿吾は、その中に於いては異物であり、だからこそ私たちはあの家の中にいる時いつも「別世界に置かれたような違和感」を覚えていたのだ。そして今、全ては逆転していた。「現実的」に再現されたこの過去の中では、おばあに向けて回答しようとする私の言葉の方が「抽象的な」異物となっていた。

今この時、監督としての私は、幾つかに分裂しているかのように感じられた。おばあの家でおばあの黙して語らぬ眼差し（まなざし）と向かい合っているようでもあり、あのまだ足を踏み入れたことのない古い坑夫寮の中にいるようでもあり――それと同時にこの極めて現実的な撮影現場で皆を指揮してあちこち走り回らせながら全神経を集中しているようでもあった。

最終的に私は、「1930年代の白浜」を一つの抽象的なイメージの世界にすることで私自身をその世界に於ける架空の住人の一人にすることにした。これで私とおばあとのこの七年間の記憶――会話内容や出来事――もこの抽象的な世界の一部になることができ、私は心置きなくおばあに答えを差し出せる。

そして私がその発想に到るきっかけとなったのは、数十年に亘って荒れ果て、封じられて誰一人その正体を探ることができなかったこの廃屋だった。恐らくここはそういう存在だったのだろう。

第四節　山の背後

「東山坑」の廃墟と背後の丘の脇を抜けて小学校の校庭を出ると、白浜の最奥の地「白浜墓地公園」だ。映画『緑の牢獄』はこの墓地から始まり、この墓地で終わる。この墓地は橋間おばあのその養父母との対話の場でもあり、私たちと歴史との対話の場でもあるのだ。橋間家の歴史を写したアーカイブ映像をチェックしていた時、遠方からの訪問者を迎えたおばあがその映像の中でも確かにいつも通りに——まるで客人を養父母と対面させるために連れていくかのように——海辺の小道を歩いてこの墓地内の「楊歸化橋間家之墓」へと相手を案内しているのに気付いた。

おばあが墓地へ行くのはいつもたそがれ時だった。夕日に照らされた静かな墓地は、この歴史の終着点なのだ。

「養父母はここに眠っているんですか?」

うん、ここだよ！　ご先祖さまもみんなここにお招きし

おばあは墓参りの際、いつも墓地の奥にある湧水で水を汲む

たから！　そうだよ、台湾からお墓を移したの。20年くらい前かな。じいさんばあさんが死んでから、もう10数年になるし……。じいさんもばあさんもまだ生きてる時だったからね、お墓を移したのは！

――橋間良子インタビュー、2015

決して広くはない墓地にある墓は、ほぼ全部がこの村の住民たちのものだ。おばあは墓地の裏手にある小川へ歩いていき、湧水を汲んで、水を供えるための湯呑みを洗った。花は既に干からびていた。おばあはここで昔の色々な細かい出来事を――何年も前に楊添福が台湾に戻って親の遺骨を拾骨したことや、台湾での代々の祖先も最後には皆この墓地へと迎えたことを、思い出してくれた。

私は台湾で生まれたけど、死ぬのもここで死ななきゃならないのよ！

――橋間良子インタビュー、2015

墓地の裏手には、手入れをされなくなって久しい一筋の小道があって、その奥は突き当たりの更に果て――誰も足を踏み入れようとしない未知の世界となっている。だが樹木の支配する森のごく手前、この小道の突き当たりの場所には廃棄された変電所があり、そここそがこの村の本当の果てであることを物語っていた。

戦後の短期間、台湾に戻っていた橋間家は、二二八事件勃発の前後に密航して西表島へと帰ってきた後、この奥、更に森へと踏み込んだ場所に住んでいたのだとおばあは言う。当時そこには橋間家の家だけがぽつんと建っていたのだと。

戦争終わった時、私やっと幾つかな？ 20幾つよ、もう子供いたけど。じいさんは台湾戻ってタイヤ売ってたの。それでじいさんに「また西表に引っ越そうか」って訊かれたら家族み

廃棄された変電所。内部はパイプ類が剥き出しになり、人里外れたお化け屋敷の様相を呈している。壁には最近書かれたらしい落書きがあった。

んなすぐに賛成して、それでこっそりここに戻ってきたよ。

蘇澳（スオウ）の南方澳（ナンフォンオウ）で船を待ったの。戦後は政府が変わって、それまでみたいに好きに日本に渡れる訳じゃなくなったから！　米二袋食べ尽くしても、まだ船に乗れない……。船はあるのよ！　でも乗せてくれないの！　最後は漁師の家に行って、そこで暮らして待ったよ。最後その人が私たち隠して、こっそり渡してくれた。

——橋間良子インタビュー、２０１６

地形に沿って、無人の森の中へと踏み込んでいく。蔓草がはびこる、打ち捨てられた森の景色の中には、既に朽ちた植物の残骸が積み重なっていて、動物や昆虫類が活動した形跡すら見て取れない。西表島の炭坑の廃墟はどれも同じように、人の手が入らなくなって久しい森に隠れている。それらの森では熱帯の密林で生息しているはずのあらゆる動植物が——アダンが縦横無尽に枝と根を伸ばしている以外は全て——その棲息する空間も生命力さえも既に喪失してしまっているかのようだった。

森の中を進むことざっと三十分前後、私たちは建物の残骸を見つけた。これまでの調査に基づいて判断するなら、これは事務所か、もしくはおばあたち一家が戦後に西表へ戻ってきたばかりの頃に住んでいた家の基礎のはずだ。今でも間取りと建物の構造が見て取れた。

おばあの語った内容に照らし合わせれば、この辺りは確かに橋間家が西表に戻ってきた後に暮らしていたエリアだ。潮間帯を通り抜けて白浜村まで行けるのは引き潮の時だけで、それ以外の時間では道は海に沈んでしまう。ここは島の端の絶壁と、マングローブが茂った地形の中にある、極めて目立たない一角だった。

建物の土台の傍には小さな川が静かに流れていた。炭坑研究の専門家である張先生はこの小川に沿って更に奥へと探索に向かったが、普通に歩ける場所などまったくないようなルートだったので、専門家ではない私たちは安全を考えてその場に留まりカメラをセットして、どこか不思議な空気の漂うその空間を黙々と撮影し続けた。

森の中の建物の残骸

西表炭坑と白浜の歴史の中には、幽霊譚が無数に登場する。そしてそれらはどれも生々しくリアルで生き生きとしている。森の中、私たちは土着の伝説の持つパワーをただ無言で受け止めていた。

長年に亘って放置され、基礎しか残っていないこの建物は、おばあがまだ若かった頃に暮らしていた「家」なのだろうか？　それとも何かしらの炭坑建築物で、おばあとはまったく無関係なのだろうか？　泥の上を歩きながら、私はこの建物にかつて出入りしていた人々の姿を想像し、彼らの眼にも映っていただろうこの小川の物語を思い浮かべた。――衣服を洗濯するような日常の場だったかもしれないし、何か楽しい記憶のありかだったかもしれない。

　あの子が木から落ちた所は、十三年前に死んだ坑夫が埋められた場所でした。死んだ坑夫の霊が呼んだんだ、といってみんな恐れていました。亡くなった子の母親も恐れて、その場合には行きされませんでした。白浜から赤崎炭坑に通うていた台湾人の女の人などは、ゆまんぐい（夕暮）になると、あの場所で、死んだ子が木にぶら下って、「水、水」と呼んでいるといって、そこを通るのも恐れていました。

――「炭坑私立学校と子どもたち　―元白浜分教場教師　安座間幸子インタビュー――」、
『聞書　西表炭坑』（三木健、1882年）

携帯電話が圏外なので、私たちは耳を澄ましながら張先生の帰りを待った。
戻ってきた張先生は、奥で坑道の入口――坑口――を二つ見つけたとのことだった。地図を見ると、先生の進んだルートは恐らく仲良川の河口へ向かうものらしい。その奥も昔は炭坑の領域であり――坑夫のグループがそれぞれ開発競争を繰り広げ、まるで黒社会に於けるボスのようにその土地に君臨しようとする、そんな世界が広がっていたのだった。

現代の白浜を出て道の突き当たりへと向かい、村の果ての更に先にある廃墟の眠る森を垣間見る。崩れた坑口は炭坑の最も目立たない片隅に位置する氷山の一角に過ぎない。ここから仲良川を――マングローブの茂る巨大な川を眺め、更に一番川、二番川へと進んでいけば、そこには戦後に西表島へと戻ってきた楊添福が行っていた開墾の思い出が残っているだろう。

川を渡り、西表島の開発史上初の「炭坑村」、元成屋へと到る。ここは楊添福が昭和12年（1937年）に一家揃って基隆から西表島へと引っ越してきた時、初めに暮らした村でもあっ

建物の基礎部分の傍に流れる小川は、海に近いため潮の満ち引きに連れて水面が上下するのが見て取れる。対岸には護岸のために積まれた石がまだ途切れ途切れに残っている。川沿いを進むと河岸の大半は岩壁で、坑道ではないかと思える穴が幾つも開いていた。しかしその大半は既に崩れるか、土砂に埋もれてしまっている。地面には当時の坑夫が残したものらしい酒瓶がまだ無数に散らばっていた

そのまま南へ向かうと、仲良川河口の三角州に出る。ここには二つ目の坑口の跡がある

た。今は既に一面の廃墟だ。

そして、「炭坑の島」である内離島。でこぼことした地形の内離島は、そのそこかしこに坑道が掘られ、各組の「親方」（炭坑管理者）が縄張りを占めていた。これらの「親方」がこの島に残した歴史は、明治から大正、昭和に到る戦前の大日本帝国による近代開発史と同じく、輝かしい未来に向けての誇り高き前進という一面を備えつつ、それ以上に残酷で無慈悲な、血涙に塗(まみ)れて酷使された奴隷たちの歴史でもあった。

そして台湾人がその歴史にどのようにして組み込まれていったのか、台湾人坑夫たちが西表炭坑の歴史に於いてどのような役割を果たしたのか――私の前にある手掛かりは、橋間家の歴史の中にいる養父、楊添福の謎めいた面影だけだ。

2017年初頭の張先生との現地調査は単なる出発点にしかならず、私たちはあらゆる資料と文献を調査し、全ての場所へ実際に赴くことで、台湾人に関するエピソードを――いまだに歴史に組み込まれず記載もされていない物語を探し出そうと決めた。

なぜ文献の中で、六十年に亘る西表炭坑の開発史の中で、台湾人はこれほどまでの規模で関与していながら「無言」の存在となり、戦後はその痕跡すらほとんど掻き消されてしまっているのだ？　日本の文献に記されているのは、戦後も西表島に留まった数名の台湾人「親方」の物語でしかない。どの時期にも数百人単位でいたはずの、最盛期には西表炭坑の人口の半分を占めるほどだったはずの「台湾人坑夫」たちは、名もなき無言の存在である彼らは、最終的にどこへ行ったのだ？　故郷へと戻ったのだろうか？　それとも異郷で客死したのだろうか？

歴史は私の想像を侵食し、文献と調査の中をゆっくりと前進するよう私を促す。それと同時に、おばあへのインタビューは徐々にボトルネックの段階に差し掛かりつつあった。私たちは私たちの信じるものを、自らの手でゆっくりと時間を掛けて模索し、推測と選択を行わなければならない。それは大規模な実地調査の中で行われるべきであり、一定の時間を割く必要があるのだと私にはわかっていた。

しかし、私が自信を持って更に深く歴史を掘り下げ、深い山の内へと踏み込み、人の訪れないジャングルの奥にまで足を運べるようになったのは、数年間に亘るおばあとのインタビューを経て、おばあのライフストーリーと記憶とを細かく整理し、心の準備をして知識を集めたからこそだ。それもまた確かなことだった。

行きつくべき終わりが見えず、モチベーションがしばしば失われる道のりではあったが、それでも毎回の調査と研究の中、繰り返される討論によってインスピレーションが湧き、ますます多くの疑問が生じると同時にそれに対する証明が生まれる。——そして嬉しいことに、ドキュメンタリーとは一個人の仕事と研究ではなく、複数のメンバーが互いにぶつかり合うことのできるチームワークによって産み出される共同目標なのだ。

第二章……西表炭坑

大正時代の西表炭坑の坑夫

西表島の豊富な石炭は、古来伝説にもなっていた。その昔、成屋村の少年が「燃える石」を発見し、このことは最終的に琉球王国の朝廷にも伝わった。

１８５３年、幕府に開国を促すべく来日したペリーの艦隊は、「琉米修好条約」を締結するという目的も備えていたため、帰路に琉球へも立ち寄る。この際に一行は西表島の炭坑資源にも興味を示し、琉球王府が急遽、八重山に赴任中の役人「在番」に対して「石炭のある場所に樹木などを植えてこれを隠せ」との密命を出す事態を引き起こしている。

明治５年（１８７２年）、汽船「海運丸」の支配人だった鹿児島県人の林太助から石炭調査を依頼された石垣島の平民、大浜加那が、西表島の石炭の存在を林に告げたため、鹿児島県は西表島に大いに注目することとなる。大浜加那は琉球王朝の禁令を破って石炭の存在を口外した罪に問われ、波照間島への十年間の遠島を申し付けられたが、明治12年の琉球処分による沖縄県設置後に特赦された。以上が激動の「西表炭坑」開発の前史である。

明治19年（１８８６年）、西表炭坑の初めての正式な採掘が「三井物産会社」によって始まった。当初の坑夫は八重山で服役中の受刑者。企業による採掘事業を「服役者労働」によって促進するという方針に即し、１００人以上の囚人が現場に投入されたが、マラリアの蔓延により多数が死亡する。三井は明治政府による支援を得ていたが、明治20年代後半に西表炭坑から手を引き、島をも後にした。

これ以降、各企業と個人の請負業者が個々に開発を行い、自らが開発した炭坑の主となる群雄割拠の時代が幕を開ける。開発の中心となったのは、現在では西表島の有名な観光地となっているマングローブの河「浦内川」の支流「宇多良川」、そして白浜エリアの「内離島」、この二つだった。

九州の炭坑で行われていた「納屋制度」（坑夫が親方の管理の下、納屋と呼ばれる共同住宅内で集団生活を営む制度）と「斤先（きんさき）制度」（採炭の下請け制度）が導入され、各会社が九州、沖縄本島、台湾、朝鮮の各地で坑夫を募集する。

厳しい採掘環境と自然条件の下、各会社はそれぞれ独自の管理規則を設けるようになり、非人道的な虐待や、暴力を伴う争い、自殺なども多数発生、「圧制炭坑」の悪名はこの状況下で徐々に誕生した。

明治中期から大正、昭和の三段階を経た西表炭坑の開発史は、戦後の米軍による統治下でもしばらく続き、米軍政府の指導の下、散発的な採掘と地質調査が行われていたが１９６０年代に幕を下ろした。この間七十年以上の長きに亘る西表炭坑の歴史は、近代日本の発展史の縮図でもあった。

そして沖縄の歴史研究者、三木健氏は、「緑の牢獄」という言葉でこの歴史を総括している。この炭坑は熱帯の密林の奥深くに位置し、自らの意思で逃げ出すことは決して叶わない孤島の牢獄であったと。

第一節　内離島

国の宝の
黒ダイヤは
島の坑夫の
奉仕によって
年にダイヤは
二万トン

——「白浜小唄」（作詞作曲：安座間幸子）

内離島は面積2・1平方キロメートルの無人島だが、西表炭坑の開発史上で最も重要な土地である。四方八方に掘り巡らされた坑道と、千人規模の住民を抱える炭坑村、炭鉱会社を擁するこの海上の孤島は、坑夫の住処（すみか）であると同時に「緑の牢獄」の悲惨な歴史の舞台でもあった。

西表島に於ける最初の炭坑村は、明治18年（1885年）に三井物産会社が申請して試掘を行った際にできた「元成屋」村だ。三井の撤退後には「八重山炭坑会社」がこの地の経営を引き継いだ。「元成屋」は白浜村の東の村外れから海岸線を更に東南へ進んで仲良川河口を渡った先になり、湾内の内離島ともほぼ真正面から向かい合う。狭い水路と天然の磯浜海岸の浅瀬を持つ土地で、石炭を港に出荷する際には、自然が形成したこのバリアが元成屋炭坑の貯炭場の役目を果たした。ここの石炭は主に沖縄本島、福建省、台湾の打狗（ターカウ）（後の高雄）、上海、香港、広東省などに運ばれている。

大正6年（1917年）時点でこの地の坑夫は864人。そのうち半数に当たる470名は沖縄県民で、他の日本各地から来ている者は212名、台湾出身者が150名、中国出身者が28名。家族を含めれば総勢1500人となった。このことからは全盛期の炭坑が一つの小さな村のようだったことが窺える。

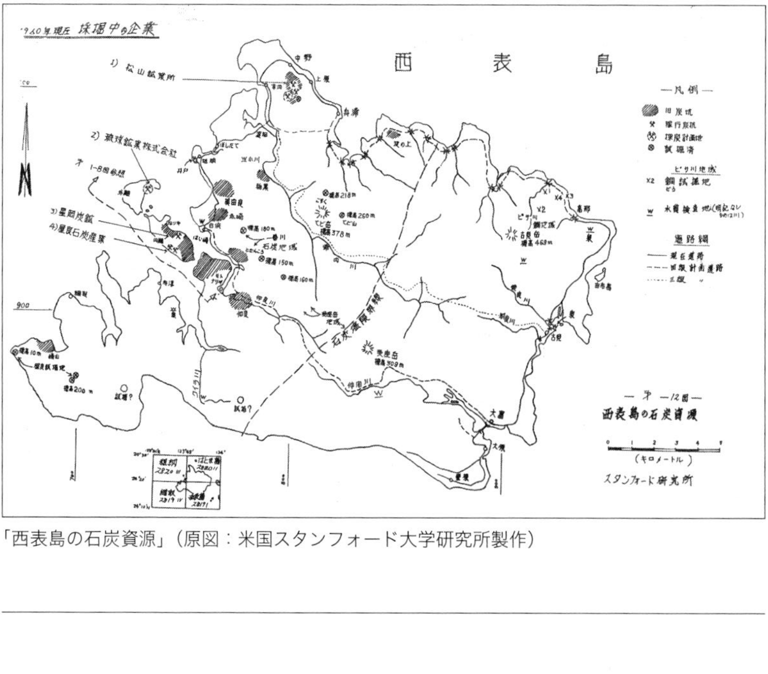

「西表島の石炭資源」（原図：米国スタンフォード大学研究所製作）

五つとや
いつもにぎわう成屋村
世界にとどろく石炭坑
――「八重山数え歌」

そして大正期に入り、親方同士の競い合いの中で内離島の開発が加速していく。最も栄えたのは、山を背にした平坦な地形という絶好の場所に位置を占めた「成屋村」だった。元成屋での試掘後、三井は対岸の内離島を選び、成屋での採掘を開始する。ここは明治20年代の後期（1890年代）に三井の代理人である三谷伊兵衛に引き渡され、一時「三谷坑」の名で呼ばれていた。大正5年（1916年）、

本図は「西表炭坑写真集」（三木健編著、ニライ社刊）掲載の「内離島・外離島炭礦関連図」（作図：向野泰祐）をベースとし、現地調査に基づいて一部修正を加えたもの（再作成：ムーリンプロダクション）

三谷は白浜に本部を置く会社「西表炭鉱」を設立。これは後に改名して「沖縄炭鉱株式会社」となり、内離島の成屋から西表島の浦内川エリアへとその版図を拡大、1000人の坑夫を擁する大会社へと発展していく。

大正期にピークに達した西表炭坑の開発。第一次世界大戦勃発後の大正7年（1918年）前後からの、日本国内に於ける膨大な石炭需要も、その背景となっていた。しかし大正後期、1921年前後になると日本経済は不況に陥り、その影響で大半の炭鉱会社も衰退に直面する。この時、表舞台へと躍り出て、西表炭坑の覇者となったのが河野吉次だった。一坑夫の身分から出世を続け、ついには炭坑主へと成り上がった河野は、「八重山炭鉱汽船」が採炭事業を中止した機会に乗じて「琉球炭鉱」を設立し、坑夫1300人を抱える「炭坑王」となる。「琉球炭鉱」の出張所は那覇と基隆に置かれ、産出した石炭も那覇、上海、台湾などに運ばれた。

各炭鉱会社はこのように数百人から千人の規模で内離島の各地に版図を占める一方、互いに競い合い、対立していた。島には大小の村と「組」とがあり、その家族や子供、彼らのための小学校も存在した。更には当時の西表島で唯一の郵便局も、かつてはここに置かれていた。同時に西表炭坑の大半はその運営制度として、明治時代から九州で盛んになっていた方法を取り入れている。その最大の特徴が「納屋制度」と「斤先掘制（きんさきぼり）」だ。

「納屋制度」――その源流は九州の三池炭鉱など明治期の官営炭坑にある。開発当初、服役者による「囚人労働」を主体としていたこれらの炭坑では、監獄と同様の厳格な管理と労働制度が発達した。「納屋」とは「納屋頭」を管理者とする小規模な労働者グループであり、この「納屋頭」は坑夫たちの日常生活から現場での労働に至るまでの管理責任を負っていると同時に、給与の支払いやツケの把握をも含めた会社と坑夫との関係処理にも責任を負っていた。「納屋」の建物は坑夫の共同住宅のようなものであり、これらの「管理」が行いやすかった。

大正期の西表炭坑には納屋頭として長年働いていた者も多く、彼らは後に独立して、下請けとして坑夫を率い採掘を行う「斤先人」もしくは個人で炭坑を運営する「親方」となった。

「斤先掘制」――採掘権を持つ企業や炭鉱会社が直営方式での採掘を行う予定がない場合に、各地から「斤先人」を招聘し、開発予定の鉱区を各「組」に分配して、採掘を請け負わせた方法を指す。

「斤先金」とはそもそも採掘権者が土地所有者に対し、採掘によって生じるはずの農地の荒廃といった損失への補償を、産出予定の石炭価格などを基準とした一定歩合で先払いした契約金のことだ。これが転じて、採掘権者から鉱区を借用したり、または請負での採掘を行う者を「斤先人」と呼ぶようになる。

炭鉱会社と「斤先人」の関係は、今で言うならフランチャイズや下請け業者の概念に近い。炭鉱会社は「斤先人」の採掘した石炭を固定価格で買い戻し、輸出と販売の責任も負う。両者は契約に基づいた協力関係にあった。
一方で、「斤先人」が率いる各組に所属する坑夫、事務員などは全て「斤先人」による雇用であり、炭鉱会社の社員ではない。
「斤先掘」の導入は主として採掘の全体的な進捗状況の把握と人員管理の利便性を高めるためであり、各組の親方による採掘の競い合いを促すことで炭鉱会社全体の利益も保障できた。

高圧的な管理システムと炭坑内でのヒエラルキーの下では、現代人の眼から見ると相当に奇妙な制度が更に産み出されていく。

大正期に発行された斤券（切符）

例えば炭坑特有の「クーポン」。俗に「切符」と呼ばれたこの金券は、炭坑が独自に発行する「貨幣」であり、その切符を発行した炭坑の「売店」でしか使用できない。しかし坑夫たちが受け取る給料は「切符」で支払われる。つまり汗水たらして稼いだ報酬は、切符の発行元である炭坑を離れれば、ただの紙くずとなった。

また若い独身男性が中心だった坑夫たちは納屋制度の下で様々な不測の事態——暴力沙汰や、遺恨からの殺人、世を儚んでの自殺を引き起こしたが、最も多いのは「脱走」だった。八重山の方言で「炭坑ピンギムヌ」と呼ばれる「脱走坑夫」たちは、大半が納屋頭たちに捕まって連れ戻され、様々なリンチに晒された。袋叩きにされて死んだ者もいる。逃亡に成功した者はごく僅かしかいない。

坑道の入口に引返すと十五、六の児が素裸でふいごを動かしていた。彼等の賃銀は数字のみで、物資は全て切符で給せられる。この島には料理屋もなければ酌婦もいない。彼等の内地向き通信は皆坑主により没収される。遠き内地からの手紙は彼等の手に渡ることは絶対にない。脱出するためには汽船に依らねばならぬ。たとい一度はうまくその島を逃れても、坑主の密偵は石垣にも宮古にも沖縄にも台湾にもいてたちまち捕えられて送還される。こんな真似をして摑ったら最後、棍棒で殴られてから後の山の松の木に縛られマラリア蚊の襲来は逃れられぬところである。彼等の多くは甘言に乗ぜられて来た内地の善良なる坑夫または労務者である。（中略）文通を禁ぜられ、通貨を奪われ、性欲の発動を奪われ、しかも死ぬことさえも出来ぬ彼等の如きを、今眼の当り見ようとは真に真に思いもよらなかった。

——「南海見聞録」、『祭魚洞雑録』（渋沢敬三、1933年）

昭和期に入り景気が全体的に後退すると、炭坑の権力分布図は再び刷新される。昭和11年（1936年）に名古屋の資本が「炭坑王」河野の会社と星岡炭鉱を合併させて新会社「南海炭鉱」を設立。社長に就任した名古屋工業界の第一人者「山内卓郎」によって、白浜には鉄筋コンクリート二階建ての炭坑事務所が建てられた。『緑の牢獄』の主人公、橋間おばあの養父である楊添福が、南海炭鉱の松本鉄郎所長によってスカウトされ、基隆炭鉱の十六坑から一家揃って西表島へと引っ越して「斤先人」の一人となったのは、その翌年、昭和12年（1937年）のこととなる。

以後は、白浜と内離島エリアを拠点とする「南海炭鉱」（その後合併を経て「東洋産業株式会社」となる）と、浦内川エリアを拠点とする「丸三炭鉱」とが、西表島の炭鉱業界に於ける覇者となった。そしてこの六十年に亘る開発史は、第二次世界大戦中に坑夫の出征と戦乱によって終

「南海炭鉱株式会社」創立一周年記念写真（1937年）（竹富町教育委員会提供）

昭和10年代（1930年代）の白浜にあった炭鉱会社の事務所（竹富町教育委員会提供）

わりを迎える。

しかし企業や炭鉱会社が直営で管轄する範疇の外には、様々な様式の「斤先」炭坑や「組」、またそれらの体系にすら組み込まれていない個人によって採掘されている独立炭坑が、更に多く存在していた。そこで生まれる物語は、まるで武侠小説の世界だ。任侠ドラマもあれば、法の支配の及ばない奴隷制社会で起こるようなダークな犯罪も含まれている。無法の地には炭坑主や親方、納屋頭、坑夫、警察、無数の男と女が入り乱れ、そんな彼らの間で愛と憎しみが分かちがたく絡み合っていた。

こういった人々を数十人から数百人単位で基礎とし、その上に請負を行う「斤先人」または小型の直営炭坑が乗り、更にその上には大型の鉱業所と会社とが積み重なる。

そんなピラミッドのような社会構造が、この2平方キロメートルしかない——そんなものを構築するには明らかに狭すぎる——孤島上に成り立っていたというのは、非現実的ですらある。

そして台湾人は西表島全体の炭坑夫の中でだいたい1/4から1/2を占めていた。文献資料の中には幾人かの台湾人「斤先人」のエピソード、納屋頭の名前と記録が残されているし、殺人が頻発する「謝景炭坑」のような悪名高い台湾資本の炭坑もあった。しかし台湾人坑夫の声は、それがどんなものであれほとんど記録されていない。

残された廃墟も戦後には、伸び放題の草とアダンがはびこる中に沈み、密林と猪以外は何もない無人島となった内離島。成屋の跡地でアダンの繁みを掻き分けて覗き込めば、巨大な「萬魂碑（牌）」を見ることができる。墓碑に彫られた「東洋炭礦」と「昭和庚辰年」の文字は、「南海炭鉱」が合併されて「東洋炭鉱（東洋産業）」になった昭和15年（1940年）にこの碑が建立されたことを示している。

あちこちに散らばっていた白骨を拾い集め萬魂碑を建てたのが、台湾人納屋頭の陳養生（ちん・ようじょう）だったのは更なる偶然だ。碑の中を覗き込めば、今でもそこには白骨が見て取れる。

米軍政府による統治下の沖縄で、内離島の主要な用途は、散発的に行われた開墾（橋間家も当時、内離島にささやかな農地を設けていた）以外では、猪を狩るための猟場だった。今でも西表島の狩人たちの間で熟知されている「猪罠」、これは楊添福が西表島に導入した、枝葉を縄で括りつけて偽装する「台湾式落とし穴」だ。猪が必ず通る道だと判明している場所に小さな穴を掘り、枝葉でそれを隠す。こうしておけば、人間の気配に敏感な猪を易々と捕えることができるのだ。

内離島の「新坑」

1972年の本土復帰前、内離島の一部は日本企業によって買収され、整地されて牧場となった。その何年か後、台湾からやってきた男性「陳さん」が、やはり内離島の小さな平地に自分の牧場を設けた。この「陳さん」はその後「媽媽嘴（マーマーヅィ）」八里（バーリ）雙屍案※の主人公となる。「内離島」というこの聞きなれない島名が台湾のニュースメディアで報道されたのはこれが最初にして唯一のことだったはずだ。

※2013年に発生した殺人事件。台北郊外の新北（シンベイ）市八里區に暮らしていた裕福な陳夫妻が、近所にあった行きつけのカフェ「媽媽嘴咖啡店」の雇われ店長――夫妻とは知人でもあり、生活の援助も受けていた――によって共に殺害された後、遺体を淡水河に遺棄された。

この島の歴史はこうして、これまでの歴史にはほぼ無関係な猪罠と淡水河の遺棄死体とで幕を下ろす。しかしこの無人島は、様々な形で常に台湾人と関わりを持ち、日本の近代産業発展史と台日両国の歴史に関与し、植民地の歴史と声なき台湾人坑夫たちの命に影響を及ぼしてきたのだった。

第二節　宇多良川

西表島で最も有名な天然の観光スポットと言えば、マングローブに覆われた川だろう。マングローブで構成された熱帯の森を貫いて流れる巨大な川は、今や観光客に一番人気の遊覧船コースだ。

「浦内川」の流域もまた、人気スポットの一つになっている。遊覧船に乗り込んでの三十分ほどの船旅で到着する遊歩道の入口から険しい山道を一時間ほど進めば、著名な大瀑布「マリユドゥの滝」と「カンピレーの滝」の壮大な姿を次々に目にすることが可能だ。遊覧船での移動中は山河の壮麗な姿を常に楽しめる浦内川、その河口からほど近いところに最初の支流「宇多良川」がある。

昭和10年代に最盛期を迎えていた「西表炭坑」を代表する丸三炭鉱宇多良鉱業所の略称は「宇多良炭坑」だった。

宇多良炭坑の物語は後に書籍になり、口伝えによる噂話もまた小説化された。坑内で起こった様々な驚くべき出来事から、この地の支配者だった坑主、野田小一郎の姿まで、宇多良炭坑に関する全ての情報が西表島には伝説のように流布している。白浜と内離島からいささか離れている宇多良の開発は比較的遅く、しかしそこには豊富な資本と、完璧に整備された「炭坑村」が備わっていた。

戦前の白浜村と対岸の内離島
(竹富町教育委員会提供)

若かりし日、沖縄炭鉱株式会社の三谷坑で請負人となり、50名前後の坑夫を抱えていた野田小一郎は、三谷坑の石炭資源が徐々に枯渇してきたため大正9年（1920年）に仲良川の一番川へと移転して、独自に炭坑を運営し始める。この時に野田は他の出資者と手を組んで三谷坑から坑夫を誘致すると同時に、実家のあった福岡県でも坑夫の募集を行い、野田の炭坑は200人規模の坑夫を抱えるようになった。

昭和5年（1930年）、野田たちは本格的な地質調査を開始、宇多良川で新たな石炭層を発見すると同時に、同地の石炭資源が豊富で「大鉱山」の可能性があることも突き止める。昭和8年（1933年）、社名を「丸三合名会社」に改めた後、積極的な設備投資を行い、近代的な設備が皆無などころか手つかずの森でしかなかった宇多良川に近代的な機器と設備を導入。マングローブに覆われた支流の中に隠れるような天然の立地の良さと環境によって、「丸三炭鉱」は西表島に於ける最大規模の炭坑の地位へと躍り出た。

野田のやり方は資本家を取り込むのに長けているだけでなく、現代的な観点から見ても、宣伝戦略に長けた大企業そのものだ。昭和10年にまず「月間産出量七千万トン以上の採炭率」という抱負を発表した野田はその後、『海南時報』『先嶋朝日新聞』などの地方紙に多数の紹介記事を載せた。

「病舎、通風採光に万全を期した宿舎、坑夫の慰安、娯楽、休養を図らんが為の倶楽部、医務室、独身坑夫合宿所（室長制度を設け）市価より安値の売店等、温情主義を以て臨み、坑夫の素質向上を企画している事実歴然たるものがある。模範坑は月収八十五円を受くるものあり、貯金、保険を相当額持ち、或は蓄音器を購入するものあり。監獄部屋は往年の痴話に過ぎない」

——1936年8月20日、『海南時報』

「先づ丸三鉱業が宇多良に二尺の炭層を発見着手されたのが一昨年の一月からで満二ヶ年間採炭の方は勿論のこと住宅設備等に十余万円の巨費を投ぜられ、まづその片鱗を語れば四百人を収容する独身舎ぼうは総二階総硝子張りになして彩光を良くし蚊ぼうを防ぐために赤の針金網で囲いベッド式になし尤も衛生に重きをおかれ、（中略）その他病院や娯楽機関としての芝居小屋の膨大さ等此処は炭鉱とは思はれない位に、理想郷が注目されている」

——1937年1月1日、『先嶋朝日新聞』

宇多良炭坑全景図（竹富町教育委員会提供）

（以上の新聞記事は『西表炭坑写真集』より抜粋）

西表炭坑での長年に亘る坑夫虐待の非人道的な悪名を一掃すべく、丸三炭鉱宇多良鉱業所はその初期に積極的な「消毒」を採用。近代的な機器設備や娯楽施設、良質な住環境の宿舎などを備えた「現代的炭坑」のイメージを確立した。

宇多良炭坑は、戦前の西表炭坑に於けるこの六十年に亘る波乱の開発史の「集大成の傑作」だったと言っても過言ではない。炭坑村の最も高い位置に「野田邸」が置かれ、その下方に集合住宅「納屋」が建てられていた。

その炭坑内でしか使用できない貨幣として流通する「斤券（切符）」、小舟に乗らなければ逃げられない天然の地形によるバリア、長年この地を「緑の牢獄」にしてきた影の部分はどれもそのままに、装いだけを最新流行のものへと取り換えたに過ぎない。

毎週映画が上映される映画館は、300人の坑夫を収容できる「芝居小屋」にもなり、炭坑主の妻が自ら運営する学校

宇多良炭坑の船着き場の貯炭場
（竹富町教育委員会提供）

「みどり学園」（後の「上原小中学校）もあった。ここは炭坑に於ける、千人規模の完璧な小型社会だった。

変わったのは、宇多良炭坑であった。この年の暮れには遊技場も出来て、吹矢から射的場での煙草落としまであった。

一方では、映画館も出来て、週一回この映画館を利用して芝居も始めていた。炭坑という所は各県からの集まりで、そのなかには芝居の役者もいれば、落語家もいて、これらの人達が芝居を組織していた。芝居係は野田社長の弟で野田小三郎という人であった。芝居に必要な道具は野田小三郎氏の責任でなんでも買い集めていた。

九坪の納骨堂も建設されて十五年間この方、病気で死亡した人や坑内事故死の人や、いわば炭坑の犠牲者の遺骨を安置した。八重山石垣登野城の南風原英泊と言う身延山日蓮の住職が毎日、朝と夜にこれ等の人の供養をしていた。

——『南島流転　西表炭坑の生活』（佐藤金市、１９８３年）

特筆すべきは宇多良炭坑が、坑夫の健康管理制度を確立し、健康診断も行ったことだ。これによって、重労働と高温な環境下で発生しやすかったマラリアや脚気などの疾病と職業病、労働災害は改善された。加えて「山の神祭り」が宇多良炭坑ではひときわ華やかに執り行われ、歌舞伎の演技指導ができる師匠を招いて、坑夫による「素人歌舞伎」も上演されている。

林業や炭坑などに携わる者が、年に三度、正月、5月、9月の16日を山の神の物忌み日として仕事を休み、息抜きをするこの風習は、石炭業が衰退した現在も、九州などの元炭坑地帯では往時を偲ぶ地元のイベントへと模様替えされて残った。年一回に簡略化され、「炭坑ゆかりの一味違う秋祭り」として開催されている場合が多い。西表へは九州の炭坑から他の制度と共に持ち込まれたが、地元民が坑夫になることのなかったこの島では、炭坑の閉鎖と共に完全に消え去った。

では、昭和十年代以後の西表炭坑夫の労働と生活はどうであったのか。ひと口に坑夫といってもその業務の種別はさまざまで、西表炭坑の場合、大別すると採炭夫、運炭夫、仕操夫、雑夫などに分れていた。（中略）これは仕操夫の場合、危険度が高いこと、運炭夫は力を要するなどの為で、これは雑夫はフロ炊き、炊事、選炭などの簡単な仕事で、これは主に婦女、特に選炭は坑夫の妻らがあたっていた。

勿論、賃金は熟練、未熟練などの採炭技術によっても左

昭和16年、宇多良炭坑内の「山の神祭り」の様子

右されるが、さらにいまひとつ賃金を左右したのは、炭層の厚薄であった。これは炭層の厚いときには作業能率があがるが、稀薄となれば坑道も狭小となり、作業能率が低下して賃金も少くなるからであった。坑道は普通主要坑が高さ約五尺六寸から六尺、幅が九尺位でそこに炭車の軌道が敷かれ、そこから三つ四つの脇坑道が枝のように掘られていた。

炭層の稀薄は、稼ぎ高の低下を招くが、これをおぎなうために坑夫たちは、おのずから長時間労働に走り、これがまた、坑夫たちの健康をそこねる原因ともなった。（中略）採炭夫はおおむね朝の五時に起床し、六時には坑内に入って始業した。正午になると坑内で昼食をとり、夕方の五時か六時には作業を終った。十二時間の重労働であった。しかし、予定の採炭ができなければ、夜の十時頃に及んだ。

例えばここに丸三炭鑛宇多良鑛業所の八月の日課表がある。それによると、朝の五時に第一鐘が鳴り、起床、そして洗面食事。それを約三十分で終えると、第二鐘が鳴って全員が倶楽部前広場に参集して人員点呼。そして皇居遥拝。午前六時には山に入って就業。十二時には昼食をとり、午後の作業を終えて午後六時には山より帰る。十時には就寝の鐘が鳴り消灯——となっている。

——「三木健解説：佐藤金市の手記とその時代的背景」、『西表炭坑覺書』（佐藤金市、1980年）

しかし、この「現代的炭坑」は本当にここまで非の打ち所のない完全無欠な場所だったのだろうか？　坑夫の虐待や厳しい監視と管理体制による締め上げの悪評は炭坑から漏れ出ていた。『緑の牢獄』の主人公である橋間おばあも、「浦内川辺りではいつも人が袋叩きにされている」という話を少女時代に耳にしたことがある。

特に炭坑の人口比率を内離島のものと比べると、宇多良炭坑で働く人口の大半を占めていたのは九州各地から募集された坑夫で、台湾人はほとんどいなかった。南国の熱帯環境に不慣れな日本人のほとんどは、斡旋人が故郷で語った「うまい話」に騙されて西表島まで拐(かどわか)されてきていた。「西表まで行けば台湾にも遊びに行ける」――そんな言葉に騙された多くの九州人がマングローブの密林の中にある宇多良炭坑へやってきて、マラリアに罹り、栄養失調に陥っても逃れる術のない「緑の牢獄」へと囚われていたのだった。

八重山に着くと、沖の方に船を停めたままだ。陸に上って遊ぼうと思ったが降ろさない。それでまた、そのまま西表の白浜まで行った。白浜に着くと、こんどは小さな機械船が来て、それに乗り換えた。乗り換えるとまた後戻りするので、おかしいなあと思ったら、それが浦内川に入った。

わしが浦内に入った当時は、浦内にはアダンの葉っぱが両側からいっぱいたれ下っていた。おかしなところに入るな、と思ったらどんどん奥に来て、そこに炭坑があった。それが丸三炭鉱の宇多良坑だった。

長崎での斡旋人の話では、西表に行けばバナナはなんぼでもある、ということだった。それが来てみたら、みんな実のならないタネばっかしの山バショウだ。また、パインなんかカネを出さんでもそのまま木になっている、と言ってね。それが来てみたら、アダンの実だった。あんなうまいこと言うてからに……。

――「宇多良炭坑の労働と生活　―元坑夫　大井兼雄さんの話―」、『聞書　西表炭坑』（三木健、1982年）

戦後の資料や証言の中では、宇多良炭坑はよく議論の対象にもなっている。残された多くの記録だけでなく、石垣島の老人ホームで孤独な老後を送っていた大井兼雄さんへの戦後たびたび行われたインタビューもその資料の一つだ。大井さんはもともと九州各地の炭坑で働いていて、昭和15年（1940年）に長崎で出会った斡旋人の口車に乗せられて西表島へ来た人物だった。

要するに働きさえすれば、切符だけは手に入りよった。わしゃ、働きさえすれば一円八十銭はもらえよった。だけんと石炭掘る人たちは、苦労したよ。時間が足りないからね。朝五時から坑内に入って、晩の十時、十一時になって帰って来るもおったからね。それでないとカネ（切符）がもらえんからな。それでもあまりもうからんのだ。

（中略）逃げたもんがつかまったら、夜、わしらが寝静まった時分に引っぱり出して、木刀でベタベタ打ちよった。手で打つぐらいならええが、木刀で打ったんだ。そしてまた翌日にも働きにかり出される。「働けない」というと「ズル休みをしている！」といってまたやられた。

わしゃ、あの音を聞いたとき、はじめはモチをついとるんかと思うとった。しかし、モチなら昼つくはずだのに、夜つくはずはないな、と思ってそおっと行ってみたんだ。そしたら逃げたわしらの仲間が、すわらされてぶったたかれよる。それがひとりならええが、係みんなが出て来てぶったたきよる。

（中略）夜だから寝ていても、その音がよく聞こえるんだ。頭をそおっとあげて見ると、事務所の方は明りがついている。ランプをつけているから、そのやりよることが、ようわかるんだね。

――「宇多良炭坑の労働と生活　―元坑夫　大井兼雄さんの話―」、『聞書　西表炭坑』（三木健、1982年）

戦争が始まっても炭坑はまだ稼働していたが、多くの坑夫が既に出征するか動員されていた。炭坑と日本軍との関係も徐々に密接になり、西表島上には日本軍の陣地が築かれる。そして丸三炭鉱宇多良鉱業所のような大規模炭坑もまた、来る日も来る日もお国のために石炭を産出することになったのだった。

その中には歴史研究者、三木健氏の著書に於いて「決死の逃避行」として描写された16歳の少年坑夫、谷内政廣のような、戦争中に募集されて西表島にやってきた少年もいた。昭和18年（1943年）に西表島へ来て重労働と栄養失調に晒されたこの少年は、大井兼雄さんの幇助の下、野菜果物などを入れる麻のカマス袋に身を隠し、宇多良炭坑から無事に脱出することに成功している。

戦後、大阪へ帰った谷内少年は、沖縄の本土復帰後の1977年に石垣島を訪れ、老人ホーム「厚生園」で暮らしていた「命の恩人」大井兼雄さんと再会した。西表島で宇多良炭坑の廃墟に赴き、崩れた建物の名残りを前に合掌する二人の姿は、当時多くの沖縄のメディアによって取材され、六十年に亘る圧制炭坑の歴史に感動的な記録映像が残ることとなった。

1977年に西表炭坑を再訪した際の大井兼雄さんと谷内政廣さん（竹富町教育委員会提供）

複雑で、一言では語り尽くせぬこの炭坑の長い開発史を締め括るのも、大井兼雄さんによる深く考えさせられる言葉だ。

しかし、戦争が来てよかったよ。あれがなかったら、わしゃいまでも西表でやっとったはずよ。いや、わしゃとっくに生きていない。炭坑をやめて農業をしたりしたから永生きできたんだが、そのまま炭坑にいたら死んでいたね。戦争があってよかったな。それも負けたからよかった。勝っとったらまた炭坑をやっとったはずだ。なんぼでも石炭はあるからね。だから、戦争に負けてよかったんだよ。

――「宇多良炭坑の労働と生活　―元坑夫　大井兼雄さんの話―」、『聞書　西表炭坑』（三木健、1982年）

第三節　聞書

沖縄の歴史研究者、三木健氏は、『琉球新報』の文化部記者だった若かりし日に、西表炭坑のありとあらゆる関係者にインタビューを行い、いまだに整理されたことのなかったそれらの歴史の証拠と記録を一冊にまとめて1982年に『聞書　西表炭坑』として出版、大きな反響を呼ぶ。

１９７０年代後半から１９８０年初頭に掛けて採集された全ての証言を整理したこの本は、西表炭坑の歴史が持つ複雑な顔を露わにした。三木先生が長年に亘って収集したあらゆる資料は、ドキュメンタリー映画『緑の牢獄』の歴史考証過程に於いても最も重要な情報源になり、また今年で81歳になられる三木先生との遣り取りも、この映画の制作過程に於ける貴重な一部分となっている。これについてはまたあとで述べよう。

ここではまず、『聞書　西表炭坑』の要に当たる部分を幾つかかいつまんで引用し、それらの「目撃者」の目に映った「西表炭坑」の姿を読者が思い浮かべられるようにしたい。

弓削初枝：
弓削家は１９１４年に福岡県から石垣島へ移住。途中一度台湾へと移転するが、１９３４年に西表島へと転居し、菓子屋を営んだ。初枝は終戦まで11年間の大半を、家族と共に白浜で過ごしている。

うちのおばあさんがとっても話好きの方で、よく家で坑夫の方々と話をしていました。そしておばあさんが「あなた方はなんでこんなところまできたの」ときいたら、内地でブラブラしているとき、炭鉱の募集人が台湾の地図を見せて「西表は台湾のすぐ近くだから、休みの日は日帰りができる。道端にはバナナでもパインでもいっぱいあり、食べ放題だよ」夢のような話をして誘われたそうです。そしたら「そんなら台湾もちょっと見ながら行ってみようか」と、みなこれにひっかかって来たらしいんです。

そして「来てみたら、なにもかもウソだった」と涙ながらに、うちのおばあさんに話しておりました。おばあさんも「家でブラブラして、親不孝しているから、こんなことになるんだよ」と言っていました。

こう言ってはなんだけれど、戦争というものがなければ、この人たちは死ぬまで炭坑から抜けられなかったはずです。戦争があったために助かったんです。同じ死ぬなら、炭坑で死ぬより戦死した方がいい、と思ったはずです。（中略）

故郷などに手紙を出しても炭鉱では中身を調べるんです。軍隊みたようにね。だから、その人たちは「親にお金を送ってくれと手紙を出したんだけどなあ。なかなか送ってくれないなあ。また事務所であれされたんだろうなあ」と言っていました。その人は借金さえ返せば帰れるのに、と言っていましたが、そんな手紙はみんな事務所で処理されたらしいです。（中略）一番びっくりしたのは炭坑から逃げた人たちがつかまえられて折檻されたときでした。わたしも通りがかりにチラッと見ましたが、すごく折檻されるんです。そしてつかまえるときの費用がまた全部この人たちの借金におおいかぶされるんです。ですから、いっぺん逃げそこなったら、借金が増えてよけい逃げられなくなるわけです。うちなんかが居る間に、無事に借金を払って帰るという人は、ひとりもおりませんでしたね。

また、そういうふうに炭鉱そのものが仕組まれているんです。坑夫の人たちも、来たはじめの頃は、自分たちも一生懸命働いて、借金を返して帰ればいい、と一時はまじめに働くんですけれども、その内にダメだとわかると、自然にヤケをおこして、もらったお金は酒を飲んだり、バクチしたりしてなくしてしまうんです。

――「折檻される坑夫たち　―元白浜村お菓子屋　弓削初枝さんの話―」、『聞書　西表炭坑』（三木健、1982年）

大城兵次郎：
西表島で各炭坑に魚を売り歩いていた行商人。

わたくしどもが魚を売る場合も、炭坑切符でした。わたしたちもどうせまた炭鉱の売店からおコメやなにかを買ってきますから、それでもよかったんです。しかし、親方に話せば本金でもくれました。わたしたちは炭鉱の外の者ですから、それに警察に出されたら法というものがありますから、そういうことはしませんでした。しかし、なるべくは切符をやろうとしていました。

ということは、おつりをわれわれが坑夫などにやると困るんですよ、炭鉱としては。十銭で魚を買うため、切符をあげる。魚が六銭で、おつりを四銭本金で坑夫にあげると、坑夫はこれをためますからね、いつかの準備のために。こういうことを坑夫にさせたくないから、炭鉱会社では、切符をためるだけためて持ってきなさい、必要があったら替えてあげるから、と坑夫たちにいっていましたよ。

（中略）わたしらが魚を売りに行っても、おカネを払わんので、あとで取りに来ますからといって取りに行くと、包丁を持ってケンカをふっかけて来ました。ケンカしようとしてね。みんながみんなというわけではありませんがね。ケンカをふっかける理由はわかっていました。炭坑におったらいつ出られるかわからない。われわれに傷をつけると、われわれが警察に訴えるでしょう。警察に出したら、警察も手をつけんといけないのです。坑夫たちは事件にして監獄にぶち込められると、いつかは出られるという薄いのぞみがあるわけです。死刑というのはめったにありませんから、いつかは、何十年か後には、出られるというわけです。

これをわれわれはきいていますから、こわくてですね。これはわたしの知っている坑夫が教えてくれました。「あれなんかが手を出してもケンカはするなよ」とね。わたしたちにすれば、ひとりひとりに魚を売った方がもうけはいいんですが、こわいもんだから、すぐ事務所にもっていきましたよ。なにしろ、坑夫たちは武器をもっていますからね。

——「炭坑切符で商い　―元西表島行商人　大城兵次郎さんの話―」、『聞書　西表炭坑』（三木健、1982年）

藤原茂‥

1898年生まれ。1936年に西表島へ来島する以前も、九州でずっと採炭に従事していた。１９３６年に南海炭鉱の東山坑及び新坑で働き始め、１９４３年に東洋産業と契約して正式に「斤先人」となる。戦後は白浜村の区長となり、以来西表島を離れたことがない。

初め九州の方では、西表炭坑のことを「八重山炭坑」と呼んでおりましたが、この八重山炭坑の評判が非常に悪いのです。「行ったら再び帰って来られん」と、まあこんなふうに言われておったのです。わたしが行くことになった時も、西表から帰って来た人がおりまして「そんなところに行かない方がいい」と止めてくれたんですけどもねえ。

（中略）坑夫の給料や労働などは、割合にわたしのところは、よかったと思います。そう「苦しい」という人はおりませんでした。九州あたりでは「八重山炭坑は労務者をきつく扱う」と評判でしたが、わたしはその点内地式で、あまり無理は言わなかった。それで他の人はどうも早く亡くなって良くないが、わたしは坑夫に無理をさせなかったお陰で、こうして今日まで永生きさせてもらっている、と時々思うんです。

（中略）わたしのところには、台湾人も何人かおりました。星岡炭鉱には台湾人や朝鮮人の方も何人かおりました。いまでも楊添福さんという台湾の方が白浜におられます。西表には一時は台湾人がたくさんおりました。昭和の十四、五年頃だったと思います。古い頃で謝景坑という台湾人だけの坑もありましたが、それとは別に南海炭鉱にも台湾人はいました。（中略）三代目に松本鉄郎という人が来たのですが、その人が台湾で炭坑関係の仕事をしておった関係で、台湾人をたくさん呼び寄せたわけです。

その頃は日本人より台湾人が、かえって多いくらいでした。そうですね、四、五百人はおったのではないですか。西表に坑夫がたくさんおるときは千人近い坑夫がおったのですが、そのうち五百人位の台湾人がおったでしょう。ところが松本さんがやめて、塚本太郎という人が鉱業所長になってからは、だんだん台湾人も減って、終戦前にはわずかしかおりませんでした。

——「ある斤先人の回想　—元斤先人　藤原茂さんの話—」、『聞書　西表炭坑』（三木健、１９８２年）

村田満‥
１９３６年に西表島へ上陸して以来炭坑から抜け出せず、戦後も復帰前の沖縄から日本への帰郷が叶わずに一人きりで西表の密林の奥に住んでいた。その後、34年ぶりにようやく出身地の福岡へと戻ることができた。

仕事が苦しくて山の中に逃げ込んで、出口がわからず死んだ人もたくさんおりました。山の中に骨ばっかりころがりよりました。わたしもそんなものを見ました。しかし、誰が誰やらわからんごとでしたな。西表の山は深いから、中に入ったら、ちょっと出口はわからないです。

逃げて見つかろうものなら、ひどい目にあいました。逃げると炭坑の人が一週間でも、二週間でも捜しよったですよ。見つかると木刀みたいなものでたたいていました。わたしは逃げなかったが、毎週、二、三人はたたかれよりましたな。当りどころが悪いと死ぬこともありました。

（中略）なにがきつかったかて、そりゃ、自分の体を痛めつけられるのが、一番きつかったとです。星岡さん自身は手出しはしませんが、その下の監督がきついのです。厳しかったですからね。夜は夜で刑務所みたいに、入口で監視してますからね。逃げんごと、棒をもってね。

賃銀もこれくらいの（手で示しながら）切符でした。現金は渡さない。もろうた切符は他所では通用しません。だから、現金は見たことありません。みな切符でした。五十銭とか一円とかね。切符には「琉球炭鉱」のハンコがついていました。昔はみんなああいうもんでした。ほかの炭坑には通用しません。それになかなか本金（現金）に替えてくれませんでした。しかし、あとにはこれも本金にかわりました。

納屋は十ぐらいの部屋があって、一部屋に七、八人そこで寝起きをしよった。食事だけは別の食堂でした。部屋には鉄格子がはめられていた。その前には金網が張ってあった。鉄格子は坑夫が逃げられんようにな。監獄よりまだ悪かったよ。あなた方にも、そういうとこを見せたかった。部屋は向い合わせになって、まん中が土間になっていた。所帯持ちは、独身者の大部屋とは、また別になっていました。

マラリアは多かったな。石炭掘るために坑内に降りていったら、急に寒うなったりして、おかしいな、と思うたらマラリアでしたな。マラリアには三通りありますよ。軽いやつと、熱が出るのと、腹が腫れるやつとありましてな。腹が腫れるやつにかかると、三日ともちませんでした。すぐ死んでしまう。薬もなかったしね。

医者はおることはおったけど、肝心の薬がない。黄色い薬があるにはありましたがね。

――「望郷三十四年の軌跡　―元坑夫　村田満さんの話―」、『聞書　西表炭坑』（三木健、1982年）

佐藤金市‥

1874年、三重県生まれ。20歳の時に仕事のために台湾へ行き、6年後に帰郷する際、不幸にも石垣島でマラリアに罹患。この時に大工募集の情報を得て西表島へ向かい、仲良川一帯での納屋と坑内施設の建設に携わった。

西表の炭坑で一番悪いのに、謝景という台湾人がおりました。これは麻薬、アヘンをもととして坑夫を使ったんです。アヘンというものは今日は十銭で射(さ)しても、あすは十五銭で射さなならんというように、だんだん余計量がいるですからね。それで十二円で大麻とコカインを買うたやつが、百円も百五十円にもなりよったんです。謝景はそれで成功したんです。

それで謝景が台湾にあがるというと、船からあがるとすぐに坑夫に刺されたですよ。あんまり坑夫をかわいそうな取り扱いをしとるからね。

（中略）坑夫を大切にして家族的に仕事をしておった人は立派に内地へ帰れるけれども、悪政をやった人は立派に帰れなかったな。気狂いになって死ぬか、病気になって死ぬか、やっぱり西表で骨を埋めたな。

――「宇多良炭坑の発見と建設　―元炭坑木挽　佐藤金市さんの話―」、『聞書　西表炭坑』（三木健、1982年）

仲原邦子：

大叔父の誘いで父親が西表へ働きに来たことから、娘の邦子も1929年に白浜で生まれ、同地で育つ。炭坑社会の中で成長した邦子の幼い眼には、炭坑特有の暴動の歴史が焼き付けられた。

子どもの頃の白浜は賑やかでした。炭坑の人もおおぜい来ているし、船も毎週一回来ますしね。港はいつも積み込みで忙しそうでした。船には明るく電気もついてね。また炭鉱の事務所も、自家発電で電気をつけていました。あとはみなカンテラといって、ガスをともしていました。

　白浜生活で一番印象に残っているのは、甲斐と南海炭鉱との間の暴動です。昭和十三年頃でしょうか。（中略）暴動の原因は、父の話ですと石炭の質が悪い、というので石炭を本船に積むとき、ダンベー船のいっぱい分を海に落したそうです。それで反発して暴動を起したと聞いています。昔石炭の質が悪いと、投げたというのです。その関係だときいています。

　それ以外に事件としては、あちこちに殺人事件がありました。八重山の宮良旅館の方が殺されたときも、私は見ました。いまの刺身包丁のような先のとがったもので、おなかを刺されたのです。人がやられたというので、私たちは見に行ったんです。包丁で刺されて、おなかの中の腸がとび出ていました。（中略）

　宮良さんは、人ちがいでまちがって殺された、ということでした。殺した方は内地の方で刑務所に行ったんですが、赤紙が来て出征した、というふうに聞いています。監獄なら一生出られなかったはずだのに、出られてよかったねえ、と笑っていたんですがね。徴兵でもなければ、この人は出られなかったでしょうね。

――「昭和の炭坑暴動　―元白浜住民　仲原邦子さんの話―」、

『聞書　西表炭坑』（三木健、1982年）

　以上は『聞書　西表炭坑』の抜粋であり、この重要なノンフィクション文学巨編のほんの一片に過ぎない。三木先生による西表炭坑研究の起点であるこの本は、その時代を最も生々しく書き留めた記録でもある。当時三木先生が録音したインタビューのテープを私たちは幸いにも

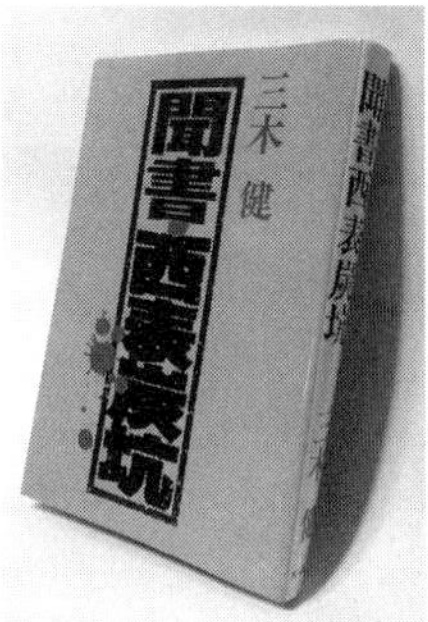

三木健『聞書 西表炭坑』

三木先生からいただき、貴重な歴史資料としてこの映画の中で使わせていただいた。それだけではなく、私たちはこの数年間に亘る撮影中ずっと、この本を幾度も読み返してはその取材が行われた１９８０年代へと戻り、その頃はまだ存命中だった証言者たちの脳裏にあった「西表炭坑」を想像していたのだ。

第四節　廃墟（一）：海上の孤島

新坑と南風坂（はいさか）

炭坑の所在地は今や楽には辿り着けない密林の奥の廃墟となり、様々な植物に埋もれている。かなり遅い時期になってから、私たちはようやく内離島に足を踏み入れた。「宿題」をまだ充分にこなしきる前、内離島はすぐそこの対岸だったにもかかわらず、私たちはいつも白浜で足を止めていた。おばあの家と村の中での滞在がどれほど長くなろうと、この「海上の孤島」に赴くことはなかった。

結果的に、私たちが初めて炭坑廃墟の内部へ足を踏み入れ調査を行ったのは２０１７年の年頭、台湾の炭坑研究の専門家である張偉郎氏のお供をする形でようやくのことだった。

内離島に上陸する前に、私は心の準備を繰り返してきた。だが常に感じていたのは、歴史に対する理解が深まれば深まるほど、そして調査を深めれば深めるほど、むしろその現場へはますます近づきがたくなっていくということだ。戦後の西表島で至る所に出没していた坑夫の幽霊は、まだ内離島を彷徨っているのだろうかと、考えずにいられない。この無人島の秘密を今まさに暴こうという段になっても、私はまだ相当な不安を覚えていた。

そんな私と比べると、同行するカメラマンの駿吾は肝が座っている。そして私たちの調査に付き合ってくださる張先生も、目に見える物しか信じない人だ。長年に亘って様々な炭坑の廃墟を巡り、台湾での調査で経験を積んできた張先生。その存在を踏まえれば今回の道のりは私の想像より遙かに安心できるものになるはずだ。

内離島に行くには、船を所有していて尚且つ道案内の出来るガイドの存在が必須だ。私たちは「船浮」集落に暮らす

内離島から船浮方向を望む

ガイドの池田さんによる協力を得られることになった。「日本最後の秘境」と呼ばれる船浮は、今や40人しか住民のいない、西表島でも唯一の、船に乗ってしか辿り着けない村だ。

池田さんとはこれ以前にも既に幾度か顔を合わせ、このドキュメンタリー映画の内容や撮影、また炭坑の歴史に於ける細かい部分に関しても話し合っていた経緯がある。そして池田さんは、白浜港から出発して海に浮かぶ美しい島々を巡る、通称「奥西表」エリアの観光ガイドを長年続けている。その中には滅多に人が訪れることのない内離島も含まれていた。

池田さん自身、炭坑の歴史を次の世代に伝えたいという使命感の持ち主でもあり、既に無人島となっている内離島に小さな船着き場を整備した上、「新坑」——当時「炭坑王」と呼ばれた河野吉次の運営していた「琉球炭坑」——まで続く細い歩道を作り、歴史の解説ボードまで設置した実績の持ち主だ。

「新坑」は確かに一番到達しやすい坑だった。池田さんが道をある程度整えてくれていたおかげで道中も楽だったし、港からもそう遠くはない、最初の上陸地点にはぴったりの場所だ。坑口付近には貯水槽の廃墟があり、酒瓶が大量に残されているのはもちろん、食器などの磁器も全て拾い集められてひとまとめに置かれていた。「新坑」の坑口は既に崩落してしまっているが、それでもまだ少しなら中に入って歩くことができる。

「新坑」見学を楽々とこなした後、続けて目指したのは西表島最初の炭坑村「元成屋」エリア。

ここも内離島なり白浜なりから船に乗ればすぐに辿り着ける磯浜海岸だ。岩礁の上には当時の貯炭場の痕跡が見られるが、柱を立てるためのこれらの丸い穴に気付かなければ、普通の磯としか思わないだろう。既に崩れた旧坑道もその付近にあったが、それら以外に建築物があった痕跡はもはや見当たらない。元々村だった場所は既に一面の荒野と森でしかなかった。

到達の容易なこの二ヶ所を見終えてしまうと、二日間の内離島調査に於ける残りの行程はどれもいばらの道だ。基本的にはまず浜辺など、ボートを停泊しておける場所までを船で行き、そこから上陸。その後はなるべく歩きやすそうな、もしくは歩ける道を探しつつ、池田さんによるガイドと、炭坑の可能性がありそうな地形と位置を模索する張先生、そして書籍に掲載されている炭坑分布図を頼りに、どこまでも続くアダンの繁みを延々と切り開いて山に分け入っての跡地捜索だ。

「元成屋」に残る旧坑口

「元成屋」の旧船着き場周辺の貯炭場跡地

私たちが最初に辿り着いたのは、「南風坂」エリアだった。島の東南にあるここは、明治28年（1895年）に西表島唯一の郵便局が設置された炭坑村だ。この地を拠点としていたのは、政商大倉喜八郎が創立した「大倉組」で、当時は1200人に及ぶ坑夫とスタッフがここで働いていた。

南風坂に残る無数の建物の残骸の中には、貯水槽や井戸、炭焼き窯などが含まれ、廃墟ではよく見られる酒瓶も多い。炭坑関係の建築物のほとんどからは大量の酒瓶や杯などの遺留品が出現し、かつての坑夫たちの姿を彷彿とさせる。

この大倉組が台北にも支店を設け、植民地経営にも従事していたということは特筆すべきだろう。台湾総督府鉄道部から仕事を請け負い台湾縦貫鉄道を敷設した他、各地の水利工事をも行っていた大倉組については、むしろ炭坑に関する記録の方が少ない。

池田さんは「新坑」周辺に遊歩道を整備し、トロッコ軌道の痕跡を示す看板も立てた

ここから更に登り続けた先では、戦時中の日本軍によって掘られた塹壕という予想外なものが出てきた。人っ子一人いない静かな空気の中に、その一筋の廃墟はそんなにもひっそりと横たわっていた。どれほどの年月か、地元の人にすら見つけられることのなかった遺跡が、今こうして私たちに偶然発見されている。沈黙の中、誰もが気まずさをかすかに感じていた。

既に完全に崩落してしまっていた南風坂坑の坑口も、炭坑特有の地形に対する張先生の直感を頼りに、最後には無事に探し当てることができた。南風坂エリアでの探索は、これで一段落する。

天気もすこぶる良いので、私たちはそのまま、内離島の南側にある「五坑」へ向かうことにした。内離島には西から東へ向かって順に一坑から八坑が並んでいる。その大半が八重山炭坑の採炭場であり、五坑では沖縄人が、四坑では台湾人坑夫が主に働いていた。

この「五坑」は恐らく内離島で最も目立つ炭坑遺跡であり、テレビのドキュメンタリー番組がこれまで幾度も撮影に来ている。荒れ果てた島にそびえ立つ素焼き色の煙突。海から眺められるその奇妙な光景は、人々がこの「海上の炭坑島」に対して抱く想像とぴったりと符合するらしい。

浜辺に上陸するとすぐ目に飛び込んでくる貯炭庫の残骸。半ば崩れたその壁の眺めは衝撃的ですらある。かつては苦労して石炭を運搬する坑夫たちにとっての終着点だったこの建築物は、徐々に風化し既に大半が砂に埋もれた今となっては、廃墟の入口を示す目印のようでもあった。

煙突が立っているのは山の中腹で、顔を上げればすぐにその姿が目に入ってくる。しかしそこまでよじ登るのは簡単なことではない。勢いよくはびこっているアダンの繁みを切り開き、足の踏み場を探しつつ山肌をじりじりと這い上がっていくしかないのだ。

「南風坂」の古井戸跡と、その周辺に散らばる酒瓶

「南風坂」周辺地域で見つけた第二次大戦中に日本軍が掘った塹壕跡

「五坑」の煙突（灯台）と貯炭庫の残骸

「五坑」の坑口に辿り着くと、坑道内の一部だけはまだ崩れずに残っていた。入口から上を見上げると、そこは70年代に放映されたNHKのドキュメンタリー番組で見たことのある坑だ(私たちはこれを竪坑だと勘違いしていたが、張先生の判断によると井戸のような方式で石炭を運び上げるための、一種のシャフトだ)。これらの坑口の縁にはアダンがとぐろを巻くように枝を伸ばして茂り、坑道廃墟の怪しい光景を作り出している。

この先の道は更なる難所だったが、張先生は諦めようとせず、もはや壁のように立ち塞がっているアダンの繁みを、葉の棘に耐えて一人突破し、例の煙突の内側を確認しに進んでいった。そして先生が発見したのは、あの煙突の下に坑口はなく、あれは海に面した開口部を持つ、単なる塔型の建築物に過ぎないということだ。このことから張先生が導き出した推測は、この塔は灯台で、炭を燃やして火を灯し、石炭運搬船に向かって坑口の位置を指し示していたはずだというものだった。

五坑の坑口は海に面した崖の中腹にあり、内部は斜坑になっている。巻き上げ機を設置できる場所がないため、炭車の下から上への押し上げは全て人力で行われた。しかし坑口から石炭を運び出そうにも、岸壁の小道しかないため、直接の運び出しは不可能だ。そこで崖の上の地面と坑内とを繋いでいるさっきのシャフトの出番となる。坑口内部の天井をくりぬいて掘られたこのシャフトの上に井戸で使うような木製のフレームを設置し、そのフレームに水桶の代わりに竹籠を縄で吊って、これを坑内まで下ろす。そこで竹籠に石炭を詰め込み、また人力でシャフトの上まで引っ張り上げるという方式だった、というのが張先生の見立てだ。その後は浜辺の貯炭庫まで運び、運搬船による積み込みを待つ。その労働環境は相当に劣悪だったと言っていい。

坑口の跡地で美しい夕日を眺めながら私たちは、かつてここに居住していた様々な人に思いを馳せていた。全てが過去となり廃墟と成り果てたその光景は、確実に人を感傷的な気分にさせる。空が暗くなってくる中、初日の調査はこうして終了した。

成屋村と森

二日目、まず私たちが向かったのは内離島の「成屋」だ。海を挟んで白浜と正面から向かい合うここは、大正期の「沖縄炭鉱株式会社」による開発で最大の著名な炭坑村だった場所でもある。斜めに長く伸びている浜から上陸すると、その奥の陸地は全て壁の如く聳え立つアダンの繁みに覆われてしまっていた。

記憶を頼りに「萬魂碑」を探そうと、アダンを掻き分け始める池田さん。この手の海浜植物は二ヶ月足らずでここまで茂ってしまう。特にこうした無人島では、アダンはまるで人類のありとあらゆる活動の痕跡を飲み込むような勢いで成長していく。

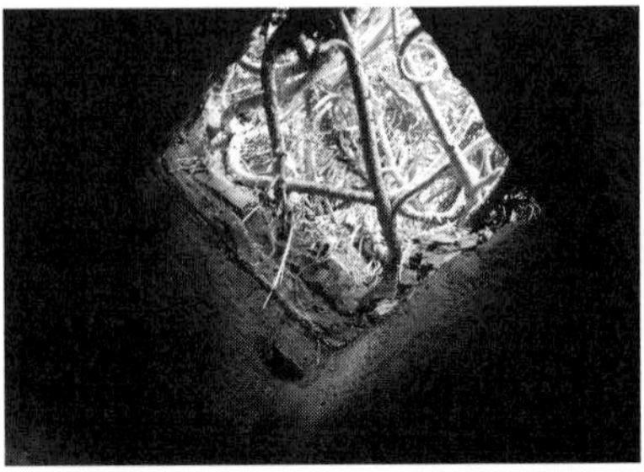

五坑の風景：貯炭庫、坑口、石炭運び出し用のシャフトと灯台の内部

アダンの棘との格闘を経て、どうにかこうにか繁みの中から「萬魂碑」を発掘する。台座周辺の枝をある程度片付けた後でようやく、この碑を子細に観察することができた。東洋産業で納屋頭をしていた台湾人の陳養生が、故郷に帰る術のない亡者の魂を慰めるべく1940年に建立したのが、この萬魂碑だ。辺りに散らばっていた白骨は拾い集められ、この碑の台座部分にある小さな石室へと収められた。碑の中にはまだ白骨の残骸が確認できる。

海岸からすぐの場所にある「萬魂碑」を離れた私たちは、別の入口から「成屋村」に入って、中を探索しようと決めた。村の入口まで来ると、石垣の残骸がまだ見て取れるが、これもやはりアダンに絡みつかれている。

この辺りの森は、樹木も比較的まばらで、地形も平坦なため、確かに村を築くのに適した地形だ。涼しい木陰に今もまだ姿を留めている遺留品は、かなり新しい時代のもので、戦後もやはりここで開墾をしていたか、あるいは牧場経営をしていた人がいたように見える。「媽媽嘴事件」の被害者となった陳さんが内離島で営んでいた牧場があったのもこの辺りだ。

「成屋」から島の中央へ向かって歩き続けていた私たちは、この村が、実は比較的素敵な登山ルートの入口に位置していたことに気付いた。時には山を登り、時には川を歩いてと、道中には様々な地形が含まれている。歩きながら私が感じていたのは、この静かな森自体も、ある時

アダンの繁みに埋もれている「萬魂碑」

「萬魂碑」内に今も残る白骨

間に於いて「捨てられた」存在であるような、そんな印象だった。

目に映るのはひたすらに、枯れて死体と化し干からびきってしまって久しい様々な植物の残骸ばかりで、動物のいた痕跡はまるきり見えない。

いわゆる「無人島」という概念には、単に無人の地であるという文字通りの意味だけでなく、長きに亘って様々な「自然による破壊」が行われること、そしてそれに対する人為的なメンテナンスが一切行われないという一種の虚無的なものも含まれているのではないかと私は思っている。自然による淘汰の下、夭折した樹木はこうして忘れ去られてここにあり、河は涸れ果て、虫や鳥すらも引っ越していってしまったのだ。

私がこれまで西表島の各所で目にしてきた勢い盛んな熱帯の森、マングローブ、豊富で多様な生態系、稀少な動植物と、各種の昆虫や鳥類の鳴き声。今の西表島の代名詞のようなこれらのイメージと比べると、内離島は不思議なほど静かだった。まるで、ひそやかに歴史の舞台から姿を消すと同時に、この島の命そのものすら絶えてしまったかのように。

今や内離島に出没するのは猪と、そして一年に数度「猪駆除」のためやってくる西表島猟友会のメンバーだけだ。森の中を進む私たちが歩ける道の大半は、猪の行き来によって出来上がった「獣道」だった。猪が通るこれらの細道だけが、辛うじて人間も通れる場所なのだ。

池田さんが家族の年長者から聞いたという——森の更に奥深くに、何に使ったのかわからない戦前の廃墟がある、という話。私たちが方向を探りながら森の奥へと向かっていたのはそのためだった。張先生も道中ずっと炭坑特有の地形の有無を窺い続けている。

溪流沿いにある程度進んだところで張先生が見つけたのは、既にかなり崩落が進んでいる坑口だ。内部には相当量の水が溜まっていた。更に歩き続け、池田さんの家族が話していた正体不明の物体を探し当てる。しかし、プラットフォームのようなその物体は、既に樹木と一体化してしまっていて、なんであるかの判別がしにくい。戦時中に造られた軍関係の建築物である可能性が比較的高いというのが張先生の見立てだったが、これが一体どういう建築物なのかは私たちにも突き止められなかった（司令台だったりするのだろうか？）。

「南風坂」付近に残る炭焼き窯の痕跡

「成屋」から島の中央部へと向かう山道

島の中央部に残る謎の建築物（日本軍と何か関係が？）

多くの疑問を抱きながらも私たちは島中央部の平坦なエリアでの調査を終え、ボートへと引き返した。これから向かうのは徒歩で到達可能な最後のポイントになる。

南風坂からほど近い、海に面した山の中腹に、死んだ坑夫の霊を供養するべく、丸三炭鉱が建立した「供養塔」が聳えている。設置の年代は不明だが、丸三炭鉱が南風坂で採掘を行っていた昭和2年（1927年）頃から、宇多良へ本格的に拠点を移す昭和7年（1932年）までの数年の間に建てた塔のはずだ。既にどれほどの期間、人が訪れていないのかもわからないこの供養塔を見ると、亀裂の入った台座部分から、幾つかの欠片が落ちて散らばってしまっている。張先生が熱心に拾い集め、台座を復元していた。

出発前には、炭坑廃墟という馴染みのない場所が持つ危険性と、その不吉な印象を前にいささか不安を覚えていた私だが、この段になるともう気持ちも落ち着いている。視野も広がり、自分が足を踏み入れて数年になる「西表炭坑」の世界に、より密着できたような気もした。

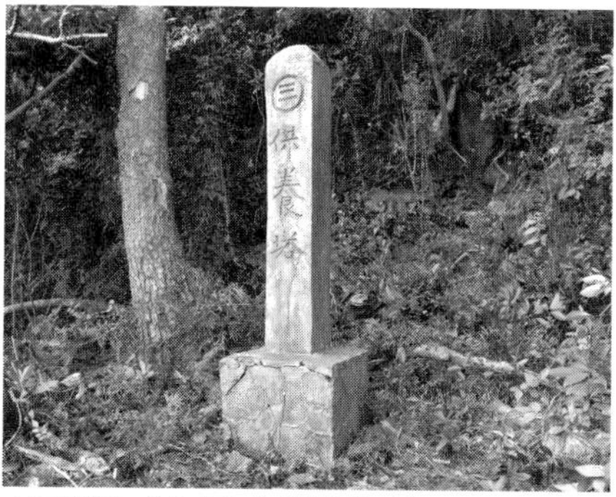

丸三炭鉱の、海に面した「供養塔」(丸に三の字のマークが見て取れる)

引き潮の時にしか中に入れない海中の坑口

残った時間、私たちはボートに乗り込み内離島を一周して、島の南面にある一坑から八坑までの痕跡もついでに訪ねることにした。幾つかの穴は、もう地元の住民にすらそれが坑道なのか、それとも自然にできた海蝕洞なのかがわからなくなっている。しかし私たちは奇跡のような確率で、地元民すら知らない幾つかの坑口を探し当てた。これは確実に張先生の鋭敏な判断力のおかげだった。

特記すべきは、海面から2メートルほどのところに、その用途を確定できない小さな洞窟を発見したことだろう。洞窟自体は自然に出来上がった海蝕洞だったが、不思議なことに、そこには明らかに人間が暮らした形跡があった。布や、包帯のようなもの、角材のように加工され、断面も外側も黒く塗装された明らかに自然のものではない太い木材などが残っている以外、大した遺留品はなかったが、私は疑わずにいられなかった。それらの痕跡はまさか「緑の牢獄」から逃げた坑夫たちがしばしここに隠れ住んで残したものなのだろうか？

神秘的な天然の海蝕洞と、その中から見た船上の私たち一行

もしそうだとしたら、彼らは結局逃げることができたのだろうか？

この島の中でひどく気まずい思いを私に覚えさせたのは、唯一この場所だった。

第五節　廃墟（二）：マングローブの中で

浦内川の宇多良炭坑は、近年、浦内川の観光ルートがよく整備されているおかげもあり、比較的容易に到達できる場所となっている。私たちもプロジェクトの初期に当たる一、二年の間に、「浦内川観光」の平良社長に見守られつつ、宇多良周辺の見学を幾度か行っていた。平良社長はこの数年間で、当時の貯炭場経由で宇多良炭坑の入口まで行ける遊歩道を整備し、歩道上には西表炭坑の歴史の解説ボードも設置している。

この歩道の整備と、その終着点にある「萬骨碑」建立については、２０１０年に竹富町が推進した「近代化産業遺跡群」計画に言及する必要がある。この計画の下、碑を建てることで歴史を記憶し、犠牲者の霊を供養しようと、三木健先生らが「慰霊碑建立期成会」を組織したのだった。ここはその昔、石炭を運ぶための舟が、宇多良炭坑に出入りする際に停泊していた場所だ。坑口からはトロッコ軌道が延びていて、トロッコが石炭をここまで運んだ。遊歩道沿いに見える、今や森の一部となったような赤煉瓦。あれが当時の石炭トロッコ軌道の支柱だ。

張先生を連れて調査に赴いたこの日は、平良社長が親切にも若いスタッフを一人派遣して同行させてくれたのでかなり安心できた。実は宇多良炭坑廃墟は「浦内川観光」の管轄区域ではないため、スタッフもここまでは立ち入っていないはずなのだ。だからこの若いスタッフは社長の命令あればこそ、ガイドというよりは探検として、私たちに付き添ってくれたのだった。

宇多良炭坑までは、まず30分ほど掛けて浦内川の入口からまっすぐに進んでいく。一般的なツアーの大半は遊歩道の終点にある「萬骨碑」までだが、ここは炭坑村の入口に過ぎない。遊歩道から降りて更に進んでようやく、真の炭坑村の廃墟へと入れる。

宇多良炭坑に関して伝わる話は多く、圧制炭坑のイメージが濃い。整備された木道を下りた後の無人の森に漂う気配は、確実に人を不安な気分にさせる。

浦内川河口

私たちの手には、かつて丸三炭鉱で野田小一郎の右腕を務めていた佐藤金市氏が生前に描いた宇多良炭坑の平面図があった。これを頼りに張先生と調査を進めていく。海中の島である内離島の密林とは違い、ここはマングローブ林と森の延長と言える地形だ。生態系も全体的に豊かで、虫や鳥の鳴き声が聞こえていた。樹木もそこまでは密集しておらず、比較的歩きやすい。

トロッコ軌道の支柱だった崩れかけたレンガを跨ぎ越えると、下に向かって下りていける台形型の斜面がある。ここを下りていった先からが、炭坑村のメインだった区画のはずだ。平面図によると、独身寮、夫婦用寮、売店、事務所、そして食堂などの施設の跡が残っている可能性がある。

そろそろと斜面を下りていくと、確かに「何か」はあった。しかし主要な建築物の名残りとして目に付くのは、売店の「冷蔵庫」——食料を貯蔵する倉庫でもあったそれだけだ。他は幾つかの建物の基礎と、平面図にもある道——炭坑と村

「宇多良炭坑」の遊歩道の突き当たり部分：トロッコ軌道の支柱の残骸と、建立されたばかりの「萬骨碑」

とを繋いでいた台形の坂道、がはっきりと見て取れるだけで、あとの部分は既に全てが勢い良く茂ったアダンとマングローブの中に埋もれてしまい、潜り込める余地はまったくない。売店の発見後、私たちはこの窪地を出て、上の方へ足を進め、浴場があったエリアに到達した。ここにはまだ浴槽と、広大な貯水槽が完全な形で残っている。更に、平面図からはこの場所に少なくとも三つの入浴場があったことが読み取れた。

貯水槽を過ぎると、地図上でも確認できないエリアになる。そこは樹々と、用途不明なコンクリート物体が共生する場所だった。それ以外に、その一帯の山の中腹部分で私たちは小さな洞窟も二個発見する。これは山神を祀るための、自然地形を利用した小さな祠のように見えなくもなかった。

かつては壮麗だった「芝居小屋（三百人の収容が可能な演芸場で、映画館も兼ねていた）」と、その向かいに建っていた坑主、野田小一郎の屋敷になると、事情はわからないが、どちらも今はもう基礎の盛り土がされていた跡が残っているだけで、建物の名残りらしきものは全て消え失せ、見て取ることはできない。その姿はもはや地図と古写真で窺い知れるだけだ。

その先の道はもはや先日歩いたのと同様な、猪による獣道に近い状態になっている。地図の上では坑口までの通路だったその道を、私たちも更に森の奥まで歩き続けた。道沿いにはトロッコ軌道の痕跡や、崩れてしまった建物も幾つか見える。張先生はさすがの鋭さで、森の中

佐藤金市氏の情報に基づき再作成した「宇多良炭坑全図」（再作成：ムーリンプロダクション）

「宇多良炭坑」の入口（石炭積み込み用の船着き場）に残る当時のダンペー船（団平船。石炭の近距離運搬用）のエンジン。既にマングローブに埋もれかけている

「宇多良炭坑」の売店倉庫、大浴場、水槽の残骸

のこの小道を突き進んだ挙げ句、実にあっさりと宇多良炭坑の坑口を発見した。入口は既に崩落していたが、まだ中に入って様子を窺うことはできる。

しかし本当に喜ぶべきことがあったのは、この二年後、2019年に再現ドラマ部分のロケのため、この場所を再訪した時のことだった。張先生が更に別の小さな坑口を発見したのだ。マングローブ林の沼地にあるこの坑口は、当時はトロッコ軌道で沼の外と繋がっていたのだろう。だが、廃棄された後は軌道も撤去され、盛り土も自然に崩れて水に沈んでしまった。そのせいで今では沼の中に坑口だけがあるように見えている。まるで不思議な異世界への入口のようなそれは、これ以上ない程に映画の美術背景的で、マジックリアリズムのような気配を漂わせていた。私たちが、炭坑の幽霊たちのワンシーンを——これらの歴史を象徴し、更に『緑の牢獄』の締め括りともなる、超現実的なワンカットを、足元の悪いこの沼の中で撮影したのはこのためだ。

2017年のこの調査は、全体的に言えば『緑の牢獄』の撮影が前期から後期へと移行する、重要なターニングポイントだった。おばあの物語に長年耳を傾け、歴史調査に着手した後で、私たちはついに自分の足と目を使って実地調査を行う段階に——体験し想像し、私たちの心の中の真実とは何かを問い返す段階に、踏み込んだのだ。調査の一歩一歩ごとに覚える興奮はエネルギーとなり、後日、『緑の牢獄』の中の多層構造的な「真実」を組み立てる際に私たちを励ましてくれた。

これらの遺跡探訪時に張先生がしばしば驚きを露わにしていたのは、台湾の戦前の炭坑よりも西表島の炭坑の方が、全体的に人力と重労働中心の旧式な運営をされていること、大型機械や器具、当時の採掘で用いられていた技術的な設備の痕跡が極めて少ないことに対してだった。

繁栄し近代的だった台湾の基隆炭鉱、あるいは採掘技術で「東洋一」と称された九州の炭坑に比べると、沖縄の端に位置するこの炭坑島は、明治時代の技術レベルに留まったまま、大量の人力による労働と血と汗とで築かれた蜃気楼のように感じられる。もし本当にそうだったとしたら、この蜃気楼の悪しき実態は、野火の如き速さで伝わっていったに違いない。

トロッコ軌道の痕跡と、「宇多良炭坑」の崩れかけた坑口と坑内

第三章……台湾

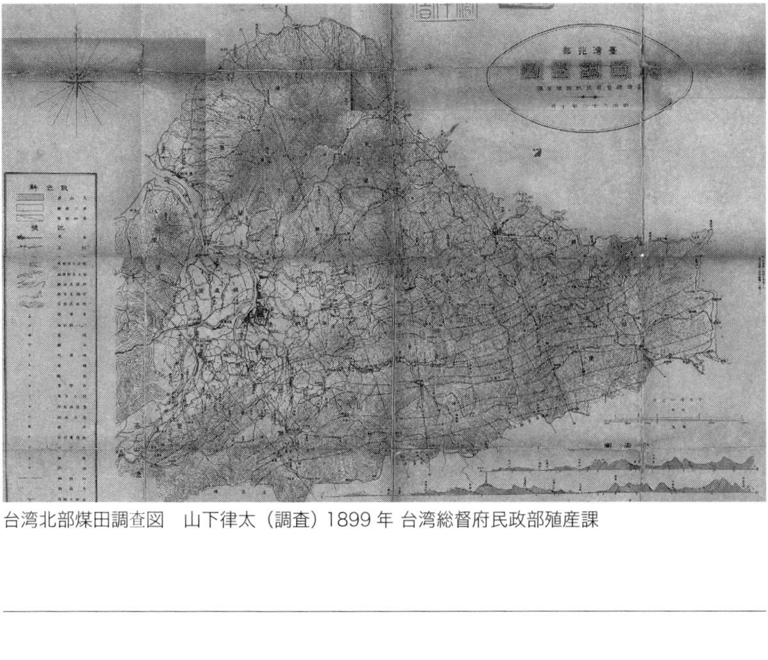

台湾北部煤田調査図　山下律太（調査）1899 年 台湾総督府民政部殖産課

台湾に於ける炭坑の発見と採掘の歴史は長い。特に北部の炭坑資源は豊富で、1620年代（明代の天啓年間）には、当時基隆を占領していたスペイン人が既にこの地の炭坑を開発し始めていた。その根拠は1920年に連横（れん・おう）が書いた『台湾通史巻十八』の「煤為礦產大宗。臺灣多有，而基隆最盛。當西班牙據北時，則掘用之，其跡猶存，為今之仙洞（石炭は鉱業の要であり、台湾の保有量は多く、基隆での産出が最も盛ん。スペインによる北部占領期間に既に採掘と使用が行われていた。その痕跡は現在も残り、今の「仙洞（シエンドン）」となっている）」という記載だ。「仙洞」とは今日の基隆港西側にある「仙洞巖」のことを指している。

清朝初期の大陸では民間採掘を禁止しなかった反面、台湾では乾隆帝の時代に採掘禁止を指示する碑が建てられて以来、民間による炭坑開発は許されなかった。これは前王朝である明代の末期に、民間採掘への課税がしばしばトラブルの原因となり明の衰退へも繋がったのに鑑みて、清朝が基本的には民衆の需要を重視したことと、その一方で、台湾では龍脈※を

基隆の「仙洞巖」

傷つけることへの恐れの方が重視されたためである。

道光19年（1839年）、アヘン戦争後の南京条約調印によって沿岸部の広州、福州、廈門、寧波、上海五ヶ所が開港されると、欧米の蒸気船の行き来が増加し、これに伴って近隣での石炭補給の要求も増えたため、台湾の炭坑資源が注目を浴びることとなる。道光27年（1847年）にイギリスの海軍大尉ゴードンが調査によって、雞籠（ケーラン）（後の基隆）地区の豊富な炭坑資源を発見し、王立地理学会の会報 The Journal of the Royal Geographical Society of London の19号に発表すると、基隆の炭坑資源は欧米諸国から虎視眈々と狙われるようになった。

※風水で最も重要視される「龍穴」へ向かう大地の気（エネルギー）の流れ及び、そのルートのこと。龍穴はこのエネルギーが地上へと噴き出している場所なので、そこに家や都などを設けることで、このエネルギーを利用し子孫繁栄などへ繋げることができる。龍脈が傷つけられると気の流れが変わってしまうため、龍穴も影響を受ける——具体的には衰退する——ことになる。

イギリスによる基隆炭坑の調査結果発表後、アメリカもこの地の興味もこの地に向く。咸豊2年（1852年）に艦隊を率いて中国沿岸と日本へ遠征したアメリカ海軍提督マシュー・C・ペリーは、1854年にフリゲート艦マケドニアン号を基隆港に派遣。炭坑調査を行わせている。主任技師だったジョージ・ジョーンズ従軍牧師（Rev George Jones）による12日間の調査の結果、この地の豊富且つ質の良い石炭の存在をアメリカも深く意識するに至った。

一方、清朝政府は造船所での石炭需要を調査し、民間で採掘された石炭を購入するより政府自ら採掘に乗り出した方が無駄がなく、更に西洋の採掘技術を用いることで利益も最大化できると判断する。光緒元年（1875年）に招聘された英国籍の鉱山技師デイヴィッド・タイザックは、現地調査後に基隆の八斗子（バードウヅ）地方を最適の地と定め、翌年この地に西洋式の官営炭坑を開設。また橋を掛けてトロッコ軌道の敷設も行い、八斗子湾まで約二キロの路線が三ヶ月で完成した。この路線はまず、イギリスから輸入された採掘用機器の運搬に使われ、その後は産出された石炭の輸送に使われた。

1884年に勃発した清仏戦争の台湾攻防戦では、八斗子官営炭坑の奪取を目論む仏軍の基隆侵攻に対し、劉銘傳（りゅう・めいでん）が八斗子に兵を送って炭坑設備を爆破した。戦争終結後に官営炭坑は再建され民営化も試みられたが、最終的には失敗に終わり1891年に閉山される。その一方、劉銘傳が企画し建設した鉄道が1893年11月に基隆から台北まで開通すると、炭坑開発ももはや海沿いの基隆だけに留まることなく、線路沿いに内陸へ向かい、大量の開発が始まった。民営の炭坑は許可された区域を越えて、日増しに増加していく。

日本統治時代に入るとこれらの民営炭坑は停業するが、1896年9月7日に台湾総督府は律令第六号「台湾工業規則」を発布し、大日本帝国の全ての臣民が規定に従って採掘開坑権を申請できると規定。日本の臣民扱いとなった台湾人も同様に申請が可能となった。

１９０５年に朝鮮半島と満州の支配権を巡って日露戦争が勃発、両国共に絶大な損害を被ることとなる。戦費の支出も拡大し、日本は国家的な財政危機に陥った。この状況下、財政赤字補塡のために植民地である台湾の様々な産業と資源の大量増産に頼る必要が生じ、以降、日本は台湾に於ける炭鉱業を大規模に発展させていく。

台湾の縦貫鉄道は１９０８年に開通。新式の工場設備を備えた製糖会社が急増したことと、基隆港の築港がスムーズに進んだこともあって、貿易が活発化する。船舶の出入りが頻繁になることで石炭需要も増大した。

石炭の生産量が運輸量を上回ったことで、運送手段も従来の人力からトロッコ輸送へと切り替わる。主要な鉄道駅と主要な石炭生産地とが軌道で結ばれ、運輸力不足を解決すると同時にコストをも削減した。

１９１６年に第一次世界大戦が勢いを増すと、軍事需要が

八斗子官営炭坑（八斗子官礦）――清代の坑道の通風用井戸（清國井風坑）

増大した影響を受けて、炭鉱業の発展はますます加速し、バブル的な好景気となる。現在の新北市瑞芳(ルイファン)區の四腳亭(スーヂアオティン)と萬里(ワンリー)區の崁腳(カンヂアオ)の二ヶ所にあった海軍の予備炭田も開発申請の対象となり、三井財閥がこれに興味を示した。1918年、三井鉱山会社と顔雲年(がん・うんねん)が共同合資で「基隆炭鉱株式会社」を設立する。三井が六割を出資、顔雲年が四割を負担（所有鉱区の価格換算によるもの）しての、250万円の資本金によるこの株式会社では、三井の牧田環が社長に、顔雲年が取締役に就任する。

この会社の設立は、個々の採掘権所有者による小規模な採掘が主だった台湾の炭鉱業が、資本を集約した会社方式に変化したという意味で、台湾炭鉱業発展史に於ける重要な一里塚となった。小規模炭坑主は大企業との競争に敵わず、その採掘権は次々と大型株式会社によって買い集められていく。機械化された大規模な生産方式は石炭の産出量を大幅に押し上げ、基隆炭鉱株式会社はついには台湾の石炭産出量の半分を一手に担う企業へと発展した。

また「基隆炭鉱」は西表炭坑で働く台湾人坑夫の多くがそもそも働いていた場所であり、彼らが西表島へと招聘されたきっかけの地でもある。この会社も『緑の牢獄』の時代背景の一つだったのだ。

第一節　十六坑（ヴァラッケー）と小基隆（ショウケーラン）

　私たちが見つけた、台湾の炭坑研究の専門家、張偉郎氏。彼との出会いは、台湾の炭坑に関する資料を探していた時にたびたびアクセスしていたブログ「放羊的狼（Shepherd's Wolf）」の文章がきっかけだ。台湾各地の炭坑廃墟をフィールドワークし、多くの資料を集めている張先生は、いわゆる「炭坑マニア」に見えた。もちろんその頃の私は、後日、張先生が『緑の牢獄』の歴史考証や撮影にこれほどまでに参与し、本作の重要なスタッフの一員になるとは知る由もなかった。

　幾度かメールでやり取りし、主人公である楊家の歴史に関する部分と、私たちの手元にある資料と手掛かりについて話し合った後、初めて直接会うこととなる。初対面の場は基隆炭鉱の「十六坑」。楊添福が上司に見出されて西表に来る前、台湾で最後に働いていた地だ。

　橋間おばあの記憶の中で、比較的明確な地名が、この十六坑だった。おばあの記憶によると、おばあの養父母と実の両親、どちらもが「小基隆」（現在の新北市三芝（サンヂー）區一帯）に暮らしていたのだという。その後、楊添福は家族を引き連れて基隆炭鉱へ働きに行き、瑞芳、基隆などの地を転々とした。最後に十六坑で働いていた時、西表島の南海炭鉱から派遣されていた松本鉄郎所長によって楊添福はスカウトされ、より多くの台湾人坑夫の招聘と仕事の管理監督に責を負う

「斤先人」として西表に向かうことになる。おばあの記憶の中で十六坑とは、彼女が台湾で最後に暮らしていた場所だった。

張先生は私に代わって、まず「十六坑」の所在地を確認してくれた。該当する鉱区は、基隆市の暖暖區碇内（ヌアンヌアンディンネイ）にあった。日本統治時代に基隆炭鉱株式会社によって経営されていた「四腳亭十六坑」がそれだ。後に「基隆二坑」と名が変わり、戦後は台湾炭鉱業界の大物、李建和（リー・ヂエンホー）が経営を引き継いで「瑞和煤礦（ルイホー）（炭鉱）」と呼ばれていた。

残念ながら十六坑は倉庫会社の駐車場になってしまっていて、今や当時の面影は一切ない。張先生は以前、管理人に頼んで中へ入り、既に完全に塞がれてしまった坑口を調査したことがあったが、今や私たちは敷地に入ることすらできず、かつては炭坑だったこの現代的な駐車場を、高台から眺めることしかできなかった。

私たちの手元にある第二の手掛かりは、おばあの出生地である「小基隆」だ。台湾の炭坑と西表の炭坑を繋ぐものが、そこにならあるのだろうか？　調査を始める前の時点で私が知りたいと期待していたような、台湾の坑夫たちを西表で働かせる際の招聘ルートや方法について、そこでならわかるのだろうか？　西表への移動は集団移民のようなはっきりとした同郷意識に基づいての行動だったのか、それとも炭坑内に西表についての詳しい情報があったのか。それともいっそ、坑夫の送り出しに関する協力関係が鉱業会社間に出来上がっていたなどということがあったりしたのだろうか？

うちの養父母は娘がいなかったから、生まれてすぐの私を養女にもらったの。辛く当たられたことなんて一度もない。

養父は二坪頂（ニィベイディン）に住んでて、実父はその手前の横山（ホァイスワァ）に住んでた。それで実父の父親と養父の父親が知り合いで、話をしたのね。

炭坑特有の地形がかすかに見て取れる

セメントで埋められてしまった「十六坑」の坑口

私の実の祖父が言ったのよ。「ちょうど数日前にうちの息子の嫁がまた女の子を生んだんだが、母乳と牛乳、どっちで育っているか賭けをしよう」って。もし母乳を飲んでたら、あんたにその子をあげるよって。老人同士、二人でそう約束して、本当に私を養女に出したの。生まれてほんの数日よ。

――橋間良子インタビュー、2016

車で小基隆へと向かう道中、雨がしとしとと降っていた。山と平地に挟まれた北海岸沿いのこの地はそもそも天候が安定せず湿度が高くて気温の低い場所だ。かつて「小基隆」と呼ばれたエリアは、元は台湾北部に居住する平埔(へいほ)族※の一つ、凱達格蘭(ケタガラン)族の村「小雞籠社」(社は村・集落の意)で、清朝末期に「芝蘭三堡(ヂーランサンバオ)」(堡は砦の意)と改称され、日本統治時代には「台北州淡水郡三芝庄」に属していた。これらの地名はどれもこの地の道路や里(最小の行政単位)の名として今も残っている。

※原住民族だが平地に暮らしていたため漢族などとの同化が極めて早く、血統的な末裔は残っているものの独自の文化はほぼ失われている。

交通が不便だった昔、小基隆は近隣の淡水地区(新北市淡水(ダンシュイ)區)との関係が今よりもっと深かった。おばあがたまに自分のことを、淡水の出身だというのはこのためだ。

私たちはまず、おばあの実の両親が住んでいた「横山(華語：ハンシャン)」を目指した。横山一帯はどこも山道で、ランドマークにできるのはせいぜい横山國小（小学校）くらいだ。霧の中で曲がりくねる山道沿いにはどこまでも棚田が広がっている。養母は元々はこういった地形の中で暮らしていた農家の子女であり、いつも茶を育てたり茶摘みをしていたのだとおばあは言っていた。

横山から更に山奥へ向かうと、そこがおばあが子供時代を過ごした「二坪頂（華語：アルピンディン）」——楊添福一家が暮らしていた場所だ。二坪頂と呼ばれるエリアは地図上では極めて小さく、実際に車で走ってみてもほんの一回りの範囲だ。集落やはっきりとしたランドマークはなく、人里外れた寂しい山道でしかない。唯一、道の突き当たりにある「北極山　北星真武寶殿※」だけが三芝區で最も標高の高い場所として、ひそやかな桜の名所になっていた。

※北極星を神格化した護国の戦神、玄天上帝を祀る廟。

八十年の歳月による変化は極めて大きく、おばあと直接の関係があったはずの二つの地名はどちらも既に、手掛かりなど探しようもない無人の山道だったが、それでも私たちは周囲をぶらぶらして取材を試みた。

近くに位置する「富福頂山寺」は、信徒に人気の高い「三芝貝殻廟」、別名「十八羅漢洞」を擁している寺院だ。この奇妙な貝殻廟は１９９６年に建てられた濟公廟※で、百種類以上の珊瑚と六万種の貝殻で造られ、まるで竜宮城のような山上の御殿となっている。

廟の参観後、境内の屋台の店主やお年寄り、付近の住民などに訊ねてみたが、小基隆に炭坑があったことも、誰か炭坑関連の仕事をしていた親戚がいたということも聞いたことはないという答えしか返っては来ない。この辺りの住民の大多数はお茶農家か製茶業をしていて、他に稲作などの農家もあるという。炭坑に繋がる手掛かりは、資料上でも実際の調査でも一切現れなかった。

張先生の過去の調査によると三芝一帯には、かつて採掘が行われたものの成功に繋がらなかった金鉱山があったそうだ。埔頭坑溪（プートウカンシー）の周辺に位置するそれらはどれも、台湾北部がゴールドラッシュだった日本統治時代に、大屯（ダートゥン）火山群（台湾北部の活火山帯）に沿って試掘された小型の金鉱山だった。しかし鉱脈は薄く、採算が取れそうになかったため、速やかに放棄される。金鉱山の跡地は現在も三ヶ所が残っていたが、炭坑に関しては資料も手掛かりもなかった。

※破天荒な行動で知られた僧侶、済公を祀った廟。弱者救済のご利益がある。

横山地区の棚田

揚添福は何らかの理由で炭鉱業との関係があり、当時栄えていた基隆炭鉱へ行ってチャンスと生計を求める道を自分から選んだように見える。

養父は養母と結婚した時、米と茶を作ってたの。その後、友達が訪ねてきたのよ。「炭坑に行かないか」って。それで養父が「炭坑ってなんだ?」って訊いて。わからないんだよ。その頃は誰も知らないから。

養父が訊いたのよ。「炭坑ってどんなところだ?」って。そしたら「トンネルみたいなところに入って石炭掘るんだ」って。

だから養父は「そんな仕事要らん」って答えて。でもその人は何度も来て、それで説得されて行ったの。

炭坑行っても養父は石炭掘ってないよ。落ちてきそうな石があると、村木持ってきて支えるの。最初やってたのはそういう仕事……。

でも二ヶ月くらい経ったら、みんなはたくさん稼いでるのに、自分はちょっとしか稼いでない。

埔頭坑金鉱山の坑口

それでやっぱり野心に火が点いて！　それから周りが養父にも石炭掘れって誘って……。

——橋間良子インタビュー、2016

しかしそれでも私たちは、小基隆の二坪頂への訪問を通して、楊添福一家の面影を確かに感じ取ることができた。中でも地元の人々が台湾語を話す際に出る比較的深い「老漳腔」（古い漳州訛り）は、楊家の人々や橋間おばあが台湾語をしゃべる際のスタイルでもあり、楊家がこの地の同郷人であったことが窺えた。

また三芝一帯は平埔族（この場合は凱達格蘭族）の歴史発祥の地である以外に、清時代に多くの客家人移民が入植した地でもある。

橋間おばあから聞いた、その養父母の履歴を思い出してみれば、彼らもまた極めて貧しい家の人間だった。楊添福も字を知らず、幼い時から牛の放牧を手伝い、日雇いのような仕事をしてきたし、養母は茶摘みで生計を立てていた家の出で、やはり毎日茶を摘んで暮らしていた。こういった素朴な生活が営まれる地域では、近隣から「媳婦仔」を迎えたり養女を育てたりする風習も、よくある話で別に奇妙なことではない。

また産業インフラがまったくない、そもそもそういったものとは完全に無縁の農村に身を置いていながら、近代化と近代産業の象徴のような基隆での炭坑生活を選んで引っ越し、更にその後ははるばる西表島にまで赴いて「斤先人」になった楊添福と、彼が備えていた勇敢なパイオニア精神。それらもまたこの静かな山村で、映画の主役である楊一家の背後にあった時代と地理的要因を、幾度も私に思い起こさせた。

さしたる収穫のなかった小基隆の旅の締め括りは、李登輝の生家である「源興居(げんこうきょ)」※だった。三芝出身の最も有名な人物である元総統の生家は三芝観光客センターの傍にあり、この山村で最も賑わう広場となっていた。

それ以降も、私たちはおばあの数十年前の記憶の中にある地名に従い、台湾北部の幾つかの村や町で、かつて橋間家を知っていた親戚や友人、おばあの実の家族——おばあの姉や弟、棺桶屋を開いた叔父などを、しつこく探し続けたが、何の痕跡も見つかりはしなかった。たとえ散発的な手掛かりがあっても、どれもそれ以上の追跡は不可能だった。

もちろん映画『緑の牢獄』の重要部分は、どれも西表島で起こったことだ。それはわかっているが、2016年の後半

小基隆の民家

※一族の始まりの家、の意。

に張先生と知り合って以降の私は、毎回台湾に帰るたびに各地への探訪を予定に組み込むようになった。そして楊家に関連する場所から、様々な炭坑の廃墟までを含めたそれらの探訪は、私たちがこの映画を形作り、おばあの個人的な歴史を構築するに際しての——更にはこれらの歴史のいきさつを考えるに際してすら——、常に私たちを前へと進ませる目に見えない力となった。

幾分儀式めいてはいるが、これは「自分の足と肉体で考える」一種のフィールドワーク的思考法なのだと私は思っている。

第二節　廃墟（三）：山林への理解

調査というなら、張先生についていくのが一番だ。実際に山林へと足を踏み入れ、密生する木々や様々な地形の中に潜んでいる炭坑の廃墟を垣間見、一歩一歩歩くことで台湾の山林を理解していく。

主に2017〜2018年の二年間、台湾に帰国するたびに私は張先生とあちこちを巡る時間を取った。台湾北部の重要な炭坑遺跡は、メインである基隆炭鉱を始めに、その周辺地点を瑞芳、平溪（ピンシー）まで回り尽くしたはずだ。張先生は熟練のガイドのように、私たちを連れて辺鄙な道なき道を突き進み、草叢（くさむら）や泥を掻き分けては、覆い隠されていた坑口を探し当てた。

台湾の炭坑は一般的に戦後も数十年間使用されていたため、西表島のような戦前の炭坑そのままの様子が保持されている廃墟を見つけるのは簡単なことではない。だが逆に、戦後も持続して使用されていたがゆえに台湾の炭坑廃墟の保存状態は西表に比べると確実に良かった。坑道はまだそれほど崩落しておらず、今も中に潜り込んで歩くことができるものも多い。ただし多くの炭坑では閉山後に、坑道をセメントの壁で塞いでしまっているので、張先生のような熟練の専門家に連れていってもらわない限り、私たちはその入口すら見つけられない可能性が高かった。

炭坑廃墟の大半は、既に蝙蝠（こうもり）の洞窟と化してしまっている。坑口内に溜まった水には泥が沈殿し、蝙蝠の黄色い屎尿が混じっているし、坑口から更に奥へと進む場合は大抵、蝙蝠が飛び交う中を突っ切る羽目になる。私のような小心者がびくびくしている横で、張先生はいつも泰然自若と歩いていた。

これらの山歩きの中で私が徐々に理解していった事実とは

張先生に続いて、竹林を掻き分けつつ進む私たち

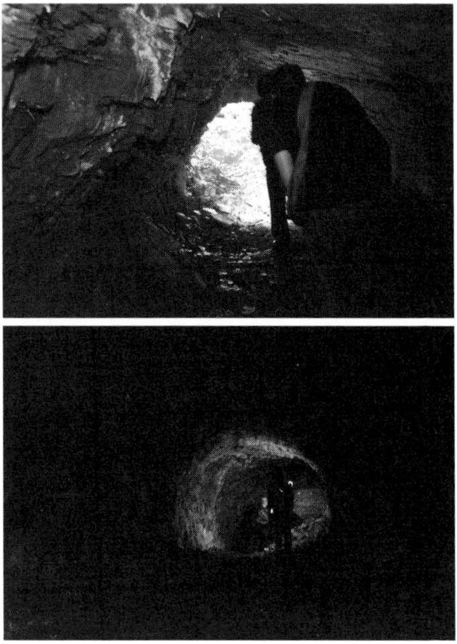

旧坑道内を探索する私たち

何か？　それは、集落が形成されていった歴史的経緯は、その地の現在の地形から――特に山中をのたくる道と村の景色の中から――見て取れるということだ。
たとえば炭坑と最も関係の深いものとして上げられるトロッコ軌道。石炭輸送のため高台の平坦な斜面上に築かれたこれらの電気機関車のルートは、今日の曲がりくねった山道と、それに沿って設けられた集落の原型だ。これらの軌道の支柱やトンネルは、国道脇や高架下に生活道路として残ったり、小さな村と村を繋ぐ細道になっている。

その痕跡は道の途中にある目立たない橋かもしれないし、既に草ぼうぼうになっているなだらかな丘かもしれない。それでも私は徐々に道や地形から、村と村の間を繋いでいるそれらの背後に明らかに存在していながらも粗略に扱われている物事の真の意味を、読み取れるようになってきた。それらが隠されているのは、時には「一坑」「二坑」というようなバス停名の中であり、時には民家の後ろの空地の奥だ。

今では観光スポットになっている場所もあって、例えば台湾鉄道平溪線の各駅はどれも古い街並みで観光客を惹きつけている。十分老街（シーフェン）から徒歩で行ける「新平溪煤礦博物園區（シンピンシー）」は1997年に閉山された炭坑自体を博物館化し、観光施設として整備してある珍しい場所だ。園内には、電気機関車によるトロッコ列車があって実際に乗車が可能なほか、シミュレーション体験用の坑道まで設けられている。ランタンを飛ばす「平溪天燈」で有名な菁桐（ヂントン）駅周辺にも、古い商店街と一体になった炭坑遺跡は多く、散策スポットとなっている。

しかしほとんどの場合、私たちが歩いたのはこういった安全な散策コースではなく、歩行さえ困難な地形の中の道なき道だった。山林に埋もれた炭坑廃墟は、張先生によるガイドなしでは地元の人間すら入口がわからないかもしれない。

2017〜2018年の当時、私たちの目的には、台湾の炭坑を調査し理解すること以外に、

『緑の牢獄』の再現ドラマ部分のロケ地としてふさわしい場所を探すことも含まれていた。『緑の牢獄』は最終的には再現ドラマによって1930年代の初めに――楊添福が台湾の炭坑から西表島へと招聘された時点に――戻らなければならないのだということが、当時はまだ漠然としたビジョンではあったが、それでも私には見えていたのだ。橋間おばあがまだ10代になったばかりの少女だったその時点こそが、この物語が回帰しなければならない歴史の起点なのだと。

戦前に操業していた炭坑の廃墟、これを最初の目標として私たちは調査を始めた。日本統治

「新平溪煤礦博物園區」では今もトロッコ列車に乗れる

「新平溪煤礦博物園區」での私と張先生

「台陽王国」の炭坑の代表格「石底炭坑」は、一部が「菁桐煤礦紀念公園」として整備され人気の観光スポットとなっている

時代の台湾に於ける鉱業の主要な経営者と言えば、基隆顔家と瑞芳李家の両家が二大巨頭だ。どちらも西表島の炭坑と直接の関係はないが、それでも台湾の炭鉱業の原点であり、炭鉱業界では「愛生理，找顔李」（儲けたければ顔と李を探せ）と称された存在だった。

その中でも基隆顔家は私にとって、比較的馴染みのある家だ。一青妙（ひとと たえ）、一青窈（よう）姉妹の父親が、後に日本へ移住した基隆顔家の三代目、顔 惠 民（イエン・フェイミン）だというのがその主な理由だった。この家族の歴史も何度か映画や舞台劇になっている。そして私自身も映画『海の彼方』のプロモーションをした際に、一青姉妹にはお世話になっていた。

撮影中の『緑の牢獄』の内容についてはその時点ではあまり話題にしなかったが、彼女たち一家と台湾の炭坑との間にかつて繋がりがあったことはうっすらと理解していた。

後日、私は「台陽王国」と呼ばれた顔家の産業史と「基隆炭鉱株式会社」——当時、顔家と三井が基隆四腳亭で合資により成立させた会社であり、楊添福が働いていた場所であり、大勢の台湾人坑夫が西表島へと招聘されていった場所でもあった——を改めて理解するに至った。物事はやはり水面下で密やかに繋がり合っている。

「基隆炭鉱」の雰囲気をより深く理解しようと、私たちは新北市平溪（ピンシー）區にある戦前の石底炭坑、今の石底（シーディ）煤礦の中から石底一坑（イーカン）と二坑（アルカン）を見学先に選んだ。菁桐駅近くの観光スポット「石底大斜坑※」と同じ炭坑に属する跡地だが、駅から離れたこの辺りは、炭鉱業が勢いを失った後の日常に近い空気をより一層残している。今も変わらずに人が住んでいるように見える坑夫寮、伸び放題の草に埋もれた坑口、四方八方に通じているかのような広大な坑内。その全てから当時の「台陽王国」に於ける炭鉱業繁栄の度合いが窺えた。

驚くべきことは、この炭坑の構造と周辺の建物のどちらからも、現代の機械技術の運用と管理体制の企業化が窺えるこ

※「石底炭坑」の主坑として昭和12年（1937年）に開削。産出量が豊富で一時期は台湾で第三位の量を誇っただけでなく、良質な石炭を産し、「台湾石炭」の呼称の発祥地となった。

「石底一坑」の坑夫寮

「石底一坑」の通気坑。主要坑道に沿う形で掘られ、奥の採掘区域で主要坑道と繋がっている。通気坑の坑口には扇風機が設置され、新鮮な空気を坑口から坑底まで取り入れると同時に、通気坑を通しての排気を行った。通気坑口脇の建築物が扇風機の設置場所

とだ。同じ戦前の炭坑同士とは言え、これらの炭坑は戦後も引き続き顔家の臺陽礦業股份有限公司によって経営されていた訳だが、その事実を差し引いても、小規模な採掘と人力による労働がメインだった西表炭坑とここでは、率直に言って比ぶべくもない。もし同時代に於ける台湾での炭鉱業と技術投資が既にこの域に達していたのなら、なぜ西表炭坑は旧態依然のままだったのか？　気温が低く湿度の高い台湾北部の気候の中、臺陽礦業と基隆の炭坑遺跡を巡りながら私は考えていた。

某日、私たちは二大巨頭のもう片方である瑞芳李家が経営していた炭坑の様子を知るべく、瑞芳區深澳（シェンアオ）にある建基（チェンヂー）煤礦へと車で向かった。深澳漁港は八斗子と九份の間の岬にあり、戦後に掘られた「海底大斜坑」はこの岬から外側の海底に向かって延びている。かつては世界四大海底炭坑の一つであり、深澳火力発電所の所在地でもあったこの場所は、瑞芳李家の炭鉱業の戦後史とも密接な関係があった。

私たちはまず、海に面した天福宮に着いた。ここは元々、

「海底大斜坑」の坑口は、今はガレージとして使われている

坑口の傍に土地公廟があり、坑夫たちは海底に出入りしての仕事に際し、災害が発生しないよう土地公に祈っていたと言われる。廟は今もそこにあるが、主神は天上聖母——媽祖に変わり、廟の名前も変わっていた。炭鉱業が衰退したことで、信仰対象も漁港の安全を守る媽祖へと90年代に再び戻ったそうだ。面白いことに、かつて坑夫が海底トンネルへと出入りしていた地上の坑口は今ではガレージとして使用され、まったく目立たない状態になっていた。

台湾にはこのような炭坑遺跡がどのくらいあるのだろう？幾つかは大規模な廃墟となっていて、周辺には違法建築のような坑夫寮がまだあり、少しだが住民もいる。建基煤礦の傍の小さなコミュニティは、当時花蓮や台東(タイドン)から募集されてきた原住民の坑夫が、閉山後も住み続けている場所だった。出ていく者はあっても新たに引っ越してくる者はいない衰退したコミュニティには、どこか奇妙な厳(おごそ)かさが漂っている。私たちは選炭工場と炭坑建築の中をぶらつき、夕日が沈むのにさえ誰も気付かないような寂しい光景を眺めた。炭坑は没落

海辺の「天福宮」

して数十年になる産業だ。残されたこれらの空間は、お化け屋敷のような廃墟になるか、幾らかの幸運に恵まれれば、観光列車に乗って訪れる群衆によって菁桐や十分、猴硐（ホウドン）のような観光スポットに変わる。そしてかつての苦難の日々も、その栄枯盛衰も、まだ残っている人や物も、ただ時が経つのに連れて朽ち果て消えていく。

　そしてこのように実際に炭坑廃墟を訪ね、空間の記憶を肌で感じることができる足を使ったフィールドワーク的思考法は、ドキュメンタリーの作り手にとってはやはり必要な工程なのだ。

第三節　廃墟（四）：南海の遺跡

　２０１７年、台湾の炭坑と西表炭坑との繋がりを更に多く見つけるべく、私たちはまず西表炭坑への投資と経営に携わった資本家に関する資料の研究に着手し、鉱業会社の幾つかが植民地への投資にも確かに関わっていたことを発見した。中でも、楊添福を西表へと招聘した「南海炭鉱」（後に合併を経て「東洋産業株式会社」となる）の代表取締役社長だった山内卓郎が、台湾にも鉱業資産を持っていたのは確実だった。

　山内卓郎は名古屋の資本家で、鉱業以外にセメント会社などの資産も所持している。昭和11年（１９３６年）に「南海炭鉱」を資本金３００万円で設立、西表島本島と内離島の鉱区は合わ

「建基煤礦」の選炭工場。柱のみで壁のない最上階部分は、坑夫たちが海底大斜坑へ仕事に向かう際の通路。以前は陸橋（既に撤去済み）と港仔尾山を抜ける海底トンネルを経由して海底大斜坑の坑口まで行けた。また選炭工場の下には付近の駅まで石炭を運ぶトロッコ軌道が設けられていた。一番下の写真は坑夫たちの宿舎と集会所

せて１５００万坪に及んだ。本社は名古屋に、鉱業所は西表島に置き、更に那覇にも出張所を設ける。１９３０年代には内離島で独立経営をしていた各炭坑を僅か一年の間に全て合併し、西表の鉱業会社として重要な存在となった。同時に１８００トンの「第一南海丸」を建造し、西表から名古屋、大阪、神戸、那覇へ石炭を海上輸送する。

この山内卓郎は台湾でも幾つかの鉱業会社に投資していた。中でも最大だった「益興炭鉱」は新北市汐止（シーヂー）区にある。以前は明治35年（１９０２年）に設立した後宮合名会社によって経営されていた北港口炭鉱だったところだ。後宮合名会社は財政悪化により昭和８年（１９３３年）に汐止人の周錦樹（しゅう・きんじゅ）へ鉱業権を譲渡する。その翌年、周錦樹は高水（こう・すい）、廖進發（りょう・しんぱつ）、厳丙丁（げん・へいてい）らとの共同出資によって「益興炭鉱株式会社」を設立し、法人代表に就任。同年６月、同社へと鉱業権を再譲渡した。その後同社は基隆炭鉱からも廃坑となっていた「崁内（こうない）炭坑」と「鹿寮（ろくりょう）炭坑」を買い取るなどし、数年後、全台湾に於ける三大鉱業会社の一つとなる。

しかし「益興炭鉱株式会社」は完全に台湾人資本のみに基づく企業だったことから皇民化政策に合致せず、このため株式の半分を日本人資本へ譲渡するよう総督府から迫られ、昭和16年（１９４１年）に法人代表は周錦樹から山内卓郎へと変更。企業自体もその後やはり山内卓郎が代表を務める「南海興業株式会社」の下部へ編入されて「益興鉱業所」へと改称された。

時間的には南海炭鉱が西表島へ進出した数年後に当たるが、昭和10年代の出来事であるのは確かだ。どうやら山内卓郎は南方の発展に対しずっと大金を投じ続けていたらしい。昭和18年（1943年）は既に第二次世界大戦の最中だったが、南海興業株式会社はまたも新北市樹林區（シューリン）にある「大豊炭鉱」の株主となり、山内卓郎は「大豊炭鉱株式会社」の代表となっている。

調査の中期から後期に掛けては、張先生の提案を受け入れ、山内卓郎が台湾で開発した炭坑をターゲットにして調査を進めた。西表島と台湾北部で同時期に山内卓郎が採掘を行っていた会社間には直接の関連性があったのだという仮定に基づいて私たちは動いていた。その一方で、日本統治時代の台湾にこれほど炭坑が多い以上、主要な舞台である西表島との直接の関連ポイントは確実に見つけられるはずなのだと、これらの遺跡が有力に物語ってもいた。

西表島で見つけきれなかった答えの手掛かりが、台湾には残っているだろうか？　これらの炭坑と西表の炭坑との開発が同一の系譜内で行われていたことを裏付けるミッシングリ

「鹿寮一坑」の廃墟

ンクと建築群。「南海炭鉱」に属していた台湾の炭坑からそれらが見つかれば、『緑の牢獄』のロケと調査にとって助けになるかもしれない、私たちはそう期待していた。

「鹿寮」は基隆市七堵（チードゥー）區にある。辺鄙で狭い山道を登り、人影も絶えたあたりで道路脇の斜面を更に二十メートル登れば、そこが「鹿寮一坑」の廃墟だ。まず目に飛び込むのは、トタン建築の廃屋。ぼろぼろになった建物は蔡明亮（ツァイ・ミンリアン）監督による映画のワンシーンに登場しそうにも見える。「鹿寮炭坑」は戦後、臺灣工礦公司によって接収され、その後民國44年（1955年）に民営化されて「鹿寮礦場」となった。民國49年（1960年）に林伯壽（リン・ボーショウ）らが臺灣工礦公司か

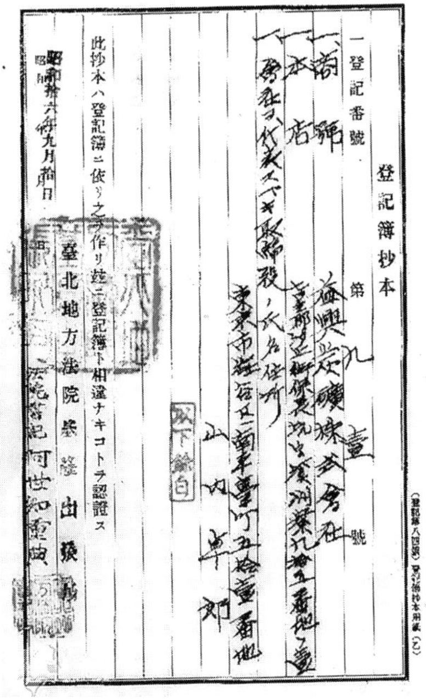
登記簿抄本
第　號
一登記番號
此抄本ハ登記簿ニ依リ之ヲ作リ茲ニ登記簿ト相違ナキコトヲ認證ス
臺北地方法院　基隆出張所

「礦業許可ノ件（蘇茂桂）（昭和十三年總殖第一一六六號ヲ一括；二件一括）」（1942-01-01）、〈昭和十七年臺灣總督府公文類纂永久保存第十卷殖產〉、《臺灣總督府檔案 總督府公文類纂》、國史館臺灣文獻館

ら鹿寮礦場を買い取り、基隆煤礦股份有限公司を設立する。鹿寮礦場もその名を七星（チーシン）煤礦へと変えた。その後、坑内で水災が発生したため、民國55年（1966年）に七星煤礦の一坑は閉鎖される。

つまり目の前のこの廃墟は、戦前の「南海炭鉱」と同じ系譜上に位置していたかつての「益興炭鉱」が基隆炭鉱から買い取った「鹿寮炭坑」の一坑が1966年に廃棄されて今に至っている古建築なのだ。

更に奥へと進むと、昔の坑夫浴場が現れる。西表島では既に貯水槽しか残っていなかった「風呂」が、台湾ではなんと完全体で残っていた。戦後に補強と補修が行われたので現在まで朽ち果てずに残ったようだ。朽ちた窓から斜めに射し込む光線の下、もはや一滴の水も残っていない浴槽が、異様な雰囲気を醸し出していた。入口の看板上には入浴方法の注意書きが華語で書かれていたのがまだぼんやりと読み取れる。それでも建物の構造自体は日本統治時代の建築に間違いない。

「鹿寮一坑」の廃墟に残る浴場の外観

この浴場を発見した時、森の中で一人静かに時を重ねてきたこの浴場が、まるで光線の下、自分の来し方行く末を無言で訴えているかのようで、私たちは不思議な驚きに襲われた。それは奇妙であると同時に眩しく美しい光景だった。

浴場とその傍の半壊したトイレを過ぎ、地形に沿って更に上へと向かう。辿り着いたのは50年の間に生えたのだろう草木に取り囲まれた「新壹坑(シンイーカン)」坑口だ。既に鉄のドアで封じられているものの、「新壹坑」の文字はまだはっきりと読み取れる。青々と生い茂る植物の中で、その周囲だけは今なお小さな空地になっており、かつての坑口は、まるでこの静かな森に君臨する王者であるかのような存在感で聳え立っていた。

ここは一面の無人の森、もしくは斜面だ。浴場から上へ上っていくと、熱帯とは言えないどころか若干寒くすらある北部の山岳気候の中で森に隠され、穏やかに保存されてきたこれらの廃墟の姿と、この炭坑の規模を見て取ることができる。そして廃墟が点在する斜面の中でも、平らに整地された

「鹿寮一坑」の浴場内部

跡が判別できるところ、あれはかつて軌道が敷設されていた場所だ。炭坑鉄道の痕跡に違いない。

その石炭運輸用の鉄道が、鹿寮一坑の閉鎖まで、一坑と二坑を繋いでいた。二つの坑は鹿寮溪の左岸と右岸に位置している。今や鉄道はなく、私たちは曲がりくねった山道を移動するしかない。かなりの遠回りの果てに川の反対側に着いた。張先生が私たちを連れて鹿寮二坑の所

「鹿寮一坑」の封鎖された坑口。昭和９年（1934年）に基隆炭鉱から買い取られた時、「一坑」は廃坑となっていたので、その後、益興炭鉱は新たに「新壹坑」を開削した。戦後の「鹿寮一坑」はこの「新壹坑」を指す。坑口上に設置された扁額には、左側に小さく「益興炭礦」の文字が見える

在地を回ってくれる。ここで最もわかりやすいランドマークは、今では登山道の途中にある静かな小道の一部となった「諸織橋」だ。森の中の溪流に掛かっている、苔むして古びたレトロな橋。このひっそりとした空気に包まれた目立たない「諸織橋」は大正15年（1926年）に建造されたが、親柱に書かれていた「大正」の二文字は後に民國政府によって「民國15年」に書き換えられた。ここはサイクリング客と登山客が鹿寮溪を渡るなら必ず通らなければならない道だ。

溪流沿いにはっきりと見て取れる金属的な黄色に染まった岩と、オレンジがかった黄色みを帯びた水。これはどちらも炭坑の所在地によくみられる地形的な特徴であり、過去の採掘の歴史を暗示しているかのようだ。私たちがこの地を訪れた時、溪流の岩の上には小さな花がまだ一面華やかに咲き誇り、爽やかな雰囲気を漂わせていた

続けて私たちは更に奥へと向かい、「二坑」の坑夫寮に辿り着いた。鹿寮二坑の運営は一坑の閉鎖後も続き、民國68年（1979年）からは王白石（ワン・バイシー）によって引き継がれて山裕煤礦（シャンユイ）と名を変えた後、民國75年（1986年）にようやく廃坑となる。廃墟のように見えるこの坑夫寮には、この炭坑での仕事に一生を捧げたおじさんたちが老後も暮らし続けていて、半ば廃墟にして半ば生活空間というなかなか想像しがたい状態になっていた。

張先生は以前、ここの最後の住民となった老坑夫、胡雲清（フー・ユンチン）を訪ねたことがあった。残念ながら私たちが訪れたこの時点では胡さんは既に亡くなっていて、ここは名実共に廃墟となっていたが、それでも胡さんが暮らしていた空間にはまだその遺品が多数残っていて、かつての暮らしの残り香が感じられた。この坑夫寮は長方形の建物で、胡さんが住んでいたのは一番目と二番目の部屋だ。その奥はもう雑草が生い茂り、容易に踏み込めない空間と化している。

「鹿寮二坑」の坑夫寮

建物の構造からは、当初ここには真ん中に一筋の通路があり、独立した部屋がその左右にずらりと並んでいたのだと見て取れた。部屋数からして少なくとも十家族が入居できたはずだ。他に共同の浴室や厨房などの空間もあった。この構造は、炭坑の「納屋」に於ける部屋配置にも類似している。

胡さんが暮らしていた空間に残る様々な所持品からは、一人の人間の長い人生そのものが窺えるかのようだった。壁に掛けられた写真——今は大量の蟻がたかってしまっている——も、そこに写っている人は胡さんの近しい家族だったに違いない。胡さんは民國13年（１９２４年）生まれの江蘇省人で、国民党と共に来台した軍人だった。退役後は炭坑で働くようになり、この地で発生した二度の事故にも幸い巻き込まれることはなく、閉山後も徐々に廃墟と化していく坑夫寮にずっと住み続けていた。

静かな山の中の廃墟が今も漂わせている生活の気配、こういう場所を訪れた時にこういった気配を感じ取ると、やるせない思いにさせられる。炭坑の廃墟、そしてかつてそこに暮らしていた人、時代と歴史が置き去りに残していったそれらは、『緑の牢獄』のテーマとしてとても近い存在だ。その日の午後、古びてただ朽ち果てるに任された坑夫寮の廃墟の中で、私たちはただ無言でこの建物を、そしてそこに残された品々を目に焼き付け続けた。

住む者がなくなった坑夫寮の廊下部分と、胡さんが暮らしていた部屋。壁に残る家族写真には蟻がたかってしまっている

最終的に、私たちがこの坑夫寮を再現ドラマのロケ地にしたり、セットを作る際の参考にしたりすることはなかった。それでもこの時の静かな午後はずっと私の心の中に残り続けていた。

後日、私たちは鹿寮一坑と鹿寮渓で、『緑の牢獄』の再現ドラマ部分のワンシーンを撮影する。「南海炭鉱」が台湾にちらほらと残した廃墟は、この映画の中で西表島と台湾を繋ぐ重要な連結部となった。そして無数の廃墟を訪れた後の私たちにとっては、当時西表島に居住していた台湾人坑夫たちの集団を想像するための重要な「補完パーツ」にもなったのだった。

第四章……失われた部分

軍艦島に残る建物の廃墟

長時間に亘る考証の過程で出会ったのは、無人島、廃墟、生い茂った雑草、時と共に移ろった人や物事といった、時間経過によって失われてしまった現実のあれこれだけではない。口伝えによる不完全な歴史や文献の記述の中には、今さら手を届かせようもない断層や空白が散らばっていた。これらの「消失」は誰も訴えることのできない「忘れ去られた記憶」の象徴であり、――忘れられた誰か、忘れられた集団、忘れられた時間、または誰も歴史の中に書き留めようとせず、誰も声を上げようとはしなかった「沈黙」の集合体なのかもしれない。

「八重山の台湾人移民」の調査を始めたばかりの頃、基隆海洋大學海洋文化研究所の卞鳳奎（ビエン・フォンクェイ）所長を訪ねた私は、意外なことを知った。西表炭坑に確かに存在したにもかかわらず歴史の中からは姿を消してしまった台湾人坑夫の行方について、卞所長もかつて調べようとしたことがあったのだ。卞所長は海洋大學の所在地である基隆の地元の人脈を用いて、基隆港で働いていた人々の雇用台帳を何十年分も調査し、戦前の基隆炭鉱にいた坑夫たちが戦後どこへ行ったのかを追跡した。しかし最終的には、手ごたえのある結論も手掛かりも掴めず、西表炭坑と台湾人坑夫の謎めいた繋がりは、お蔵入りとなったそうだ。

この現象には二種類の原因があると私は考える。第一に、「書くことが許されなかった」。事情を知っている者と当事者が共に存命中であっても、彼らを取り巻く社会の空気と歴史の解釈が彼らの存在に否定的であり、このため彼らは沈黙を選ばざるを得なかったのだ。第二に「書き記す術がなかった」。当事者に声を上げる力がなければ、誰にも知られることなく、黙々と余生を送るしかない。

「西表炭坑」の歴史は、日本の近代産業史に於ける黒歴史であり、賞賛に値するような美しいものではない。沖縄史の中でも滅多に言及されることのない、闇に包まれた時代だ。２０１３年から２０１４年に掛けて行った「八重山の台湾人」に関するフィールドワークの際に私がしみじみと感じたのは、移民たちのうちには沈黙することを選んだ者もいるということ、更にその子孫のうちの何人かは「認めない」ことを――自分が移民であることも、そういった出来事があったということも「認めない」ことを選んでいるということだった。そして実際に幾人かの人は、何も口に出さないまま一生を過ごし、部外者が知ることのできるエピソードを何一つこの世に残さなかったのだ。

彼らはそうやって声を上げることなく、静かに歴史を通り過ぎていった。あるいは、歴史が彼らを通り過ぎていったとも言えるだろう――何一つ痕跡を残さずに。

この先はいよいよ、ドキュメンタリー撮影に於ける最も面白い部分になる。私たちはまるで探偵のように手掛かりを探してあちこちをうろつき回り、散らばったピースを繋ぎ合わせていかなければならない。そしてそれらのピースによって描き出されたものが、ミッシングリンクを埋めるに足る合理的な形を備えているかどうかを見極めなければならないのだ。

第一節　文献の分析

２０１７年に私たちは、炭坑研究の専門家である張先生と、台湾大學の研究所で博士課程に在籍している日本人と沖縄人、計三名による歴史考証チームを立ち上げ、関連する全ての文献を共に調べ始めた。これは膨大な作業になった。

私たちの手元の資料は主に、三木先生が出版した書籍で構成されている。１９８２年に出版された『聞書　西表炭坑』の他、『西表炭坑概史』（１９８３年）、『民衆史を掘る　西表炭坑紀行』（１９８３年）、『西表炭坑史料集成』（１９８５年）、『沖縄・西表炭坑史』（１９９６年）、『西表炭坑写真集（新装版）』（２００３年）などがそこには含まれていた。三木先生が史料や情報を収集し、インタビューを行い、編集したこれらの大作。それを詳細に読み込み、推測を行い、手掛かりを追い求めるだけでも、私たちは既に充分過ぎるほどの時間を費やしていた。

私たちがまず着手したのは、これらの本の中から台湾人坑夫に関する情報を逐一探し出すことだ。そして私たちは、台湾人坑夫が登場する主な記述がどれも、自殺、暴力沙汰、逃亡などのネガティブなものであることに気付いた。この状況は今日の台湾社会に於ける、東南アジアからの出稼ぎ労働者に関する議題とも幾分似通っている。

山入端さんたちのように西表島を横断して東部海岸に逃げてきた台湾人抗夫たち三人が、ついに追いつめられて対岸の小浜島めざして海に跳び込んだのを、目撃した人がいる。話は一九二一（大正十）年頃のことである。

——『民衆史を掘る　西表炭坑紀行』（三木健、1983年）

「坑夫の縊死」

去る二十四日竹富村西表謝景炭坑々夫台湾人陳土（四二）は西表南風坂山に於て高さ一丈余の椎木に日本手拭と山蔓で首を吊り下げ縊死を遂げていたと。

——昭和四年（1929年）3月15日、『八重山新報』

「血腥い傷害事件、西表で突発」

西表に血なまぐさい傷害事件が突発して居る。仄聞する所によれば台湾人同志の喧嘩のため一人は十三ヵ所に瀕死の重傷を負い一人は片腕を切られるという物凄い事件で、目下八重山署で厳重調査中である。

——昭和六年（1931年）6月23日、『先嶋朝日新聞』

（以上の新聞記事は『西表炭坑史料集成』より抜粋）

世を儚(はかな)んでの自殺、暴力沙汰、そして逃亡。それらによってようやく台湾人は新聞の紙面に登場する。更に「謝景炭坑」に代表される台湾人による炭坑では、モルヒネによって坑夫たちをコントロールするのが常態化していた。この事情も強い筆致でたびたび書き留められている。

台湾人坑夫がモルヒネを注射していたという記述は非常に多い。『聞書　西表炭坑』の中にも、目撃者や炭坑医師へのインタビューが収録されている。しかし描写の詳細さで言うなら、私たちのドキュメンタリー映画の主人公、橋間おばあの養父である楊添福による証言に勝るものはない。1980年前後に三木先生が、西表炭坑の関係者だった老人たちを訪ねて回った時、楊添福は既に80歳を超えていた。炭坑内に於けるモルヒネ使用の状況を三木先生が知ったのはこの時が初めてだった。

坑夫たちのなかには、モーフィ（麻薬）をうつ人もいた。重労働なので会社が許可証を出して、モーフィの注射をうたしていた。

つらい仕事をそれでごまかしていた。会社は多く働けば多くそれを与え、少ししか働かなければ、少ししか与えなかった。

モーフィをやらない人は、西表に働きに来ても、すぐに台湾に帰って行った。しかしモーフィをうつ人は、西表に永らくとどまっていた。また、そんな人はいったん西表を出ても、四、五年もするとモーフィ欲しさにまた戻って来た。

――「台湾人坑夫の生活　―元坑夫　楊添福さんの話―」、

『聞書　西表炭坑』（三木健、1982年）

そして地元の住民の眼に映る台湾人坑夫の姿は、より一層不安を感じさせる存在——麻薬中毒の「出稼ぎ労働者」だった。

あの方たち（筆者注：台湾人）はよく注射をうちよったですね。麻薬ですね。堂々とうっていましたね。ちょっとでも疲れたりすると、水道の水でちょっちょっと注射器を洗って、うちよったですね。

——「昭和の炭坑暴動　—元白浜住民　仲原邦子さんの話—」、『聞書　西表炭坑』（三木健、1982年）

しかし三木先生による膨大な研究と調査結果の中、「台湾人坑夫」の登場は大体ここまでとなってしまう。

歴史の中の台湾人にまつわる事実を捕捉するにあたって三木先生が根拠としたのは、新聞に記載されていた情報以外では、1980年代のインタビューで記録された証言だった。そしてこの証言者のうち主要な存在となるのはやはり、戦後に八重山へ戻ってきた、もしくは戦後も台湾へ戻ることがなかった何人かの重要な関係者——西表島白浜に在住していた楊添福、石垣島に暮らしていた陳蒼明（ちん・そうめい）と吉村林之助（台湾人納屋頭だった林頭——台湾語読み：リン・タウ——の息子）の三名だ。

この三名は間違いなく、三木先生に貴重な証言を提供し、西表炭坑に於ける台湾人労働者についての先生の論述の基礎部分にもなった存在だと言える。戦後も変わらず八重山諸島に留まった台湾人「親方」――正確には現代で言うフランチャイズ的な立場に当たる「斤先人」と、その関係者だったこの三人は、自分たちも台湾人だからこそ知っていた詳細な情報を、当時40歳だった三木先生に対しそれぞれ個別に伝えていた。

まず一人目は、昭和12年（1937年）に基隆炭鉱から南海炭鉱（後の東洋産業）へとスカウトされてやってきた楊添福。彼は白浜と内離島一帯に於ける「台湾組」についての多くの情報を三木先生に提供した。戦後も西表島に継続して暮らしていた唯一の炭坑関係の台湾人家庭でもある。

続く二人目は昭和16年（1941年）にやはり基隆炭鉱から丸三炭鉱宇多良鉱業所へ、ただしこちらは仕事仲間だった他の坑夫からの誘いでやってきた陳蒼明だ。彼は当時の宇多良炭坑内に於ける台湾人にまつわる情報を伝えている。老いて亡くなるまで決して日本に帰化しようとしなかった陳さんは、両眼の失明という坑夫ならではのわかりやすい特徴を備えていたことから、1972年の本土復帰後、最も頻繁にメディアと学者による取材に晒された。

最後の一名は比較的特殊な立場にいる吉村林之助。吉村さん本人は大正7年（1918年）に内離島で誕生し、その後も同地で成長しているが、その父親の林頭は、大正3年（1914年）

前後に台北で募集広告を見て西表に来た人物だ。内離島の小柳炭鉱で働いた後は、悪名高い謝景炭坑へ入って納屋頭を務めていた。この時期に林頭は、福島から来ていた日本人女性と知り合い、この女性が内離島で吉村さんを産み落とす。吉村さんの進学先はその多くが台湾であり、台北一中（現在の建國中學）を卒業後、台湾総督府交通局鉄道部の試験に合格し、事務員となった。実家は内離島にあって両親もそこに住んでいるが、本人は進学で台湾に行き、そこで就職するという、八重山なら今日でもありそうなパターンだ。戦後、石垣島へと引っ越した吉村さんは、大半が農民か坑夫だったこの地の台湾人移民コミュニティ内では、その高度な知識と識字能力のため相当に優秀な人材となった。後日、八重山に暮らす台湾人の互助組織「八重山華僑会※」の会長となり、1972年の復帰に際しては、日本に帰化しようとする多くの台湾人を手伝って、煩雑な手続きをこなしている。

　1980年のインタビューの時点でも、吉村さんはその高度な記憶力で、謝景炭坑などを含めた内離島の各炭坑内に於ける多くの詳細な情報と人名を三木先生に提供した。

※正式名称：琉球華僑八重山総会。戦前に設立された互助組織「八重山台友会」が戦後1955年になって名称変更したもの。

　また戦後は沖縄本島にも台湾人移民が増え、そちらはそちらで「台湾貿易センター（正式名称：台灣省商會聯合會駐琉球商務代表辨事處）」という、実質上は中華民国の領事館に当たる半官半民の交流組織を那覇に設けて、台湾との民間交流の拠点としていた。

　復帰直前の1971年、事務手続き上は琉球華僑八重山総会が組織替えする形で琉球華僑総会が発足。八重山華僑も沖縄華僑も一体であるという意識の下に、総会は那覇に置かれ、八重山側が「琉球華僑総会八重山分会」となった。

吉村さんのライフストーリーは、「緑の牢獄」の中で働いていた台湾人の納屋頭が、まさか日本人女性と自由に結婚できたとは、という点に始まり、息子を進学のため台湾に送り出せるだけの金を充分に用意できたという点に至るまで、私たちから見れば予想外の一言に尽きる。更にインタビューテープに収録されている吉村さん本人の口調は、吉村さんだけでなく、雇われている他の坑夫たちもまた常に自由な移動が可能な生活だったことを暗示しているようでもあった。

ここまで文献の調査を進めたところで、私たちは足を止め、自分たちの調査が今どのあたりの段階まで進んでいるのかを確認し、今後の方針を検討した。歴史考証チーム内で次々に生まれる幾つもの「対話」、それらは歴史を執筆することに対しての質疑応答のようであり、自分自身への問い掛けのようでもあった。この歴史に関する唯一の「組み立て上げられ」「整理された」資料の群れを前に、私たちはどのような角度からそれらを解読し、調べるべきなのか。チームの中で最も真剣に文献を研究していた日本人のS君は、数回に亘って私と激烈な討論を交わした。『緑の牢獄』の撮影過程で私に強いインスピレーションをもたらした幾度かの言い争いを、今になっても私は思い出す。

三木先生の歴史観に対するS君の不信感は、その著作群に於いて三木先生が、歴史に対する社会科学的な考察よりも人道主義の方を大幅に優先しているということに、S君が徐々に気付き始めたところから生まれていた。学者であるS君は当然、三木先生のそういった姿勢を良しとせず、重箱の隅をつつくようにして細かくその是非を検討し始める。しかし私に言わせてもらえば、その批判は厳しすぎた。

『琉球新報』出身の三木先生は、そもそも記者としての本分に基づいて、これまで整理されたことのなかった歴史を掘り起こし、世に知らしめた。これは美談だが、そこに至るまでには苦労も多い。そしてたとえ社会科学的な歴史研究には相当せずとも、後世に影響を与えるには充分な、インタビューによるノンフィクション文学の大作でもあるのだ。

歴史資料の中でS君が注目したのは、炭坑に於けるプラスの面を積極的に記した文章だ。S君のそんな姿は、炭坑の悲惨さを強調する三木先生の論調——西表炭坑を「人間地獄」と形容するような——の中から、それを崩すに足る証拠を拾い上げようとしているように見えた。例えば、皆に充分な食事を与え金も稼がせた炭坑があったため、坑夫もその存在に感謝していたというような発言だ。また、警察による事件の取り締まり記録からは、炭坑が実際には法律に基づいた存在であり、決して「無法の地」ではなかったことが充分に証明できた。

S君のこの「よかった探し」を——たかが一部の証言者によるささやかなプラス発言に過ぎないものを大仰に持ち上げて新たな歴史的事実の発見に結びつけようとしているかのようなその

行動を——私は容認したくはなかった。だからと言って、S君の主張が理解できない訳でもない。日本に居住して長い私は、明治以降の産業革新に対して日本が抱いている多大な見栄と誇りも知っているし、そこに巻き込まれた大日本帝国の人々と植民地の民衆の存在が、戦後の教科書問題として常に争いの種になっていることも知っている。

そして歴史を記し史実を語る際には、その一文字一言は全て一つの歴史観そのものとなるのだ。この映画を作るにあたってもその点は意識するべきだし、注意深くなるべきではあるが、だからと言ってそこに縛られ萎縮するべきではない。

本書を執筆している今日までにも、韓国外務省は、日本の九州に於ける世界文化遺産「明治日本の産業革命遺産」の説明文には問題のある歴史観が含まれていると、非難する声明を出した。それに対し日本では一部の学者が、軍艦島では朝鮮人坑夫に対する虐待はなかったという「事実」を述べている。韓国外務省の告発の背後にあるのは、現代の人道主義に基づいて歴史に向き合う姿勢だ。しかし日本国内でそういった姿勢を取ろうとする者は、右翼的な歴史観の持ち主や歴史修正主義的な立場の者たちからは、自虐史観と呼ばれて批判されてきた。そして人道主義という天秤の上で左右にバランスを取っている限り、歴史を見通すことはできない。

いや違う。S君が私に告げてきたのは、西表炭坑の歴史は大東亜共栄圏の帝国主義と植民地主義に含まれず、この設定は私のロマンティシズムから生まれた間違ったものだということだった。ならば近代の産業化の下に置かれた植民地の民衆は、この歴史をどのように見ればいいのだろうか？　そもそもが囚人の労働によって始まった炭坑は、後に植民地出身の坑夫を大量に抱えた。白浜には朝鮮人慰安婦を主とする慰安所まであった。
　民族の被害にまで話が至ると、論点は曖昧になる。ポピュリズムに染まった上で興奮すると言い争いが止まらなくなるからだ。S君は帝国主義の残り香を熱愛する右翼の末裔なのだろうか？　S君のことをそんな存在だと見做(みな)すことはしたくなかった。自国の歴史をなるべく肯定的に見たいという程度の歴史観を許容することもできずにS君をネトウヨ扱いするなら、私だってまるで意固地な台湾ファースト主義者だ。そしてもしS君をそんな存在だと思いたくないのならば、私にしても台湾は植民地主義の被害者だったという歴史観に凝り固まることはできなくなる。

　これらの書籍が書かれた１９８０年代当時に於ける関係者の思考へと戻るという点で、私たちは合意に達した。まず明確なのは、この時代に関する歴史がなぜかこれほどの長きに亘って沈黙を保っていたという事実だ。１９８０年は、１９７２年の本土復帰から既に数年が経過した時点だ。そして西表炭坑に関する最も初期のインタビューはどれも復帰の前後に行われている。これはつまり、西表炭坑に関係していたこれらの当事者たちが、終戦から１９７０年代に至るまでの間、その記憶をどのように見做していたかということでもあるのではないか？　それは話題にしてほしくない昔の出来事だったのだろうか？
　ならば私たちは再び仮説を立てよう。米軍政府統治下の沖縄で黙々と暮らし、復帰に際して

「日本人」となった後、人生の黄昏(たそがれ)を迎えた時に、沖縄の代表的新聞社『琉球新報』の記者が訪ねてきた。その時にこれらの人々の回答にはどのくらいの真実が含まれるのだろう？ その幾分かは嘘であり、また幾分かは遠い記憶の中でぼんやりと霞んでいたのではないか？

ドキュメンタリー映画の作り手として、私がその可能性を疑い、それがあり得ると理解していることは言うまでもない。そして三木先生自身も充分に理解していたのだろうと私は思う。だが、それでもその取材と発表が持つ意義は極めて大きく、報道記者としての使命も歴史検証の必要性より勝っていた。

米軍政府統治下に於いて報道の自由を完全には得られずにいた沖縄のメディアにとって、復帰後のこの時代こそがようやく訪れた解放の時だったことを、私たちは念頭に置くべきだろう。これまで掘り出していなかった負の歴史を世に出すことは、息を吹き返した沖縄のジャーナリストにとって再び「沖縄」を認識するための最大の課題だったのだ。

しかし、私たちは改めて考えなければならない。いや、あるいは三木先生の書籍に収録されているこのインタビューの一文字一文字に対して真剣に疑いを抱き、インタビューが行われた当時の事情と時代背景を推察すべきなのかもしれない。

よって次に私たちが考えるべきは、なぜ戦後の八重山にはこの三名の台湾人「斤先人」しか残っていなかったのかということになる。彼らが台湾に戻らないという選択をしたことに、原因はあるのか？　家族の存在や経済的理由、または政治的な理由で、台湾へ戻れなかったのか？　あるいは書籍の中で悪の権化として記されている謝景のように、戦後台湾に戻るや否や間違いなく寝首を掻かれるだろうというような、そんなドラマティックな事情があったのだろうか？

三木先生がリストアップした人物の中で、台湾人にまつわる歴史を語る代表者とするのには、この三名の台湾関係者だけで充分だったのか、それともインタビューリストに載っている以外にも１９８０年代当時にまだ生き残っていた関係者がいたのだろうか？　他の関係者がいたとして、その人たちはインタビューを受けるのを望まなかったり、それどころか訪ねてこられることすらも拒んだのだろうか？

「斤先人」側の立場だったこの三名は、常に誰を憚(はばか)ることもなくしゃべっている（ように感じられる）。では、どの時代にも常に数百人単位で数えられていた台湾人「坑夫」たちは？　実際の労働者が姿を見せず、記録もされていないという事実は、確実に人を不安な気分に陥れ、このまま進んで良いのかを迷わせる。ものを言うことに対する微妙なパワーバランスと牽制、そして社会規範がそこには潜んでいたのではないか？　まだ無数の問題が私たちを――私たちの手によって薄皮を剝ぐような注意深さで掘り下げられるのを――待っていた。

第二節　来訪者とその足跡

こういった歴史を掘り下げようという時には、当事者による証言だけでなく、極めて少数ながら存在する旅行記の類もヒントを与えてくれる。不慮の闖入者として西表炭坑へと足を踏み入れてしまった人々は、その世界を目にした後で、文学作品や日記の中に幾らかの記述を残した。そしてそれらの言葉はどれも、謎に包まれた「西表炭坑」の手掛かりを外部の人間に垣間見せるに充分だった。

ドキュメンタリー映画の撮影をしていて、必要な情報がどうしても足りず、撮っても撮っても結論が見えてこずに制作期間が延びていくというような状況に陥った時には、時の中に埋もれて誰にも気付かれずにいた「かつて誰かが記した足跡」が、まるで何らかの磁力でも帯びているかのように自然と、その映画の撮影者のところへ「吸い寄せられて」くる。それらの足跡は、探し求めるのが困難であればあるほど、最後には意外なほど容易(たやす)く手の中に落ちてくるのだ。

この映画に於ける歴史観と論述内容を裏付ける完璧な証拠とするには、それらの記述はまだ力不足だ。しかし長期的な観察によるものではなく、むしろほんの僅かに垣間見ただけで記されたようなそれらの言葉は、一瞬の真実を確実に記録している。

更に私には、外部からの来訪者が受けた一瞬の印象に基づくこれらの記述をも、有力な歴史情報の一つとして扱う傾向がある。何年も後になって、一枚の写真や一つの記憶が、私がかつて巡ったそれらの場所のことを――私自身にももはや漠然とした印象しか残っていない当時のことを――克明に物語るように。

映像による記録なしでは、それらの場所の情景もエピソードも、細かな情報もそこでの経験も、全てはただの「印象」に過ぎない。部外者による憶測と価値判断を当事者の記憶と比べれば、そこには大きなギャップがあるが、それらは来訪者の眼中に於ける「真実」――少なくともその来訪者自身が身をもって体験した「真実」――でもあるのだ。

この「来訪者にとっての真実」が私に対して初めて披露されたのは、2014年に私が『海の彼方』の企画案を携えてTokyo Docs（ドキュメンタリーの海外展開及び海外との共同プロデュース支援のための国際イベント）に参加した時だった。お誘いを受け、私は新宿一丁目にある老舗のドキュメンタリー制作会社「ヴィジュアルフォークロア」の事務所にお邪魔していた。三浦プロデューサーが私を温かく迎えると同時に紹介してくださったのが、民俗学・人類学的な題材の扱いに長けたこの会社の代表取締役でもある、監督兼プロデューサーの北村皆雄先生だった。

長年アジア各地で民俗映像、民族誌映画を撮影してきた北村監督は、チベットやヒマラヤ以外に、復帰後の沖縄でも伝統的な風習や祭りをテーマとして映画を撮った経験がある。中でも最も有名で、また物議を醸した作品が『アカマタの歌　海南小記序説　―西表島・古見（こみ）―』（1973年）だ。この映画は西表島南部の「古見」集落で行われる伝統の「秘祭」――部外者や取材・撮影などは立ち入り禁止の神秘的な儀式「アカマタ」を題材としたものであり、撮影当時は脅しや恫喝を受けた。画面なしの音声と、隠し撮りを多用して構成されたこの映画は、完成後も日の目を見ず、数十年後にようやく公開された際には現地の人々からその撮影倫理を糾弾されるに至っている。

様々な資料やフィルム缶が山積みになっている北村監督のオフィスで、私はこの伝説の映画を鑑賞した。映画の内容からは返還直後の内地に於いて「沖縄」が、ドキュメンタリーや文学の創作者に対し、如何にエキゾチックな吸引力を持っていたかが窺える。

1972年から1975年に掛けてピークを迎えたこの沖縄取材ブームが、長年に亘って沖縄が米軍政府統治下にあったことによる、沖縄に関連した映像記録の深刻な供給不足に起因しているのは確かだ。この時期、沖縄に関する記事と著作が、短期間のうちに大量に残された。そして当時僅かに30歳だった北村監督もまた情熱に燃えて16ミリカメラを手に、沖縄へ向けて飛び立ち――国境の島西表の昔ながらの村を訪れて、好奇心溢れるよそ者としてあちらこちらを覗き見ていたに違いない。

しかしこの――音声録音しかできなかった部分では、採取した音声を別の映像と重ねて繋ぎ合わせるという苦肉の策で編集された映画は、その粗削りさがむしろ70年代の前衛美学的な雰囲気を生み出し、映像と音声に高度な文学性を与えている。まるでメモ代わりの細切れな映像で構成された旅行エッセイのようでもあり、いまだ記録されたことのない島民の民間信仰を覗き見ているようでもある。そして記録者として興味の赴くままありとあらゆるものをフィルムに収めようとしていた北村監督は、意外なことに奇妙な形で「西表炭坑」の歴史への接触を果たしていた。

かなり台湾語訛りのある日本語で会話する二人の人物の声が、波を撮った映像をバックに聞こえてくる。せいぜい二十秒程度の長さのこのシーンで、片方の人物は台湾人坑夫だと自称し、台湾から来たというその身の上をのんびりと語っている。

民俗学・人類学を題材にし、様々な情報が入り乱れているこのようなドキュメンタリー映画の中では、こういった会話はたいていの場合に於いて映画の内容自体よりももっとエキゾチックで、更に儚く消えてしまうものだ。しゃべっている本人の映像はないため、「台湾人坑夫」であるこの登場人物の姿を実際に目にしたのは、私の傍にいる監督だけだ。ほんの一瞬の記憶で、しかも四十年以上前となれば、既に曖昧にもなっているだろう。

声の主はどうやら石垣島の厚生園で暮らしている老人らしい。この老人ホームでは多くの元坑夫が孤独に余生を送り、死んでいった。

『アカマタの歌』に於けるこの短い会話の音声は、大先輩である北村監督が、その長い人生の旅の途中で無意識に記録したものだが、私に対しては幾つかのささやかな事実をも示している。一つは、西表炭坑で働いていた台湾人坑夫だった人物が、戦後も八重山に留まることを選択したという事実。二つ目は、「記録」されることを彼らが望んでおらず、短い録音という形しか了承してもらえなかったという事実だ。

第二の「一瞬の目撃者」は、有名な戦場写真家である三留理男先生だった。２０１４年、「八重山の台湾人」に関する大規模なフィールドワークを進めていた私は、数枚の重要な写真を目にする。三留先生もまた北村監督と同様に、１９７２年の沖縄返還に際し、沖縄を舞台にしたドキュメンタリー写真をシリーズで撮影していた。特に国境線上の人々、そして労働者に対し長年に亘って注目してきた三留先生の目は、国境の島である西表島に自然と向かい、「八重山の台湾人」を写した芸術的にも人文科学的にも極めて価値の高い、稀少な写真を残していたのだ。

２０１４年当時、東京で暮らしていた私は、原宿の繁華街にある三留先生の仕事部屋を訪ね、表参道に近い一等地に建つ比較的古いマンション（恐らく「高級マンション」という概念が日本に戻ってき始めた１９６０年代に建てられたもの）の中に構えられた、本が溢れている小さな仕事部屋で、既に70代半ばを迎えた三留先生に対面した。

三留先生は私のために、そのシリーズの写真を探し出しておいてくれた。『見る。書く。写す。天下縦横無尽』（１９７７年）には収録されていなかった写真に加え、未公開の映像も幾つかあった。写真は全部で十枚以下だったが、どれも素晴らしく、記録映像は奇跡の芸術と言ってよかった。記録の貴重さとは、数十年の時が経ち、それが撮影された時間が決して戻ることのできない過去となった時に、より一層明らかとなる。そして現在の美学も、記録されれば数十年後に別の方式で現在の真実と結びつけられ、その真実の一部を形作ることになるのだ。

三留先生のレンズによって捉えられた八重山の台湾人の姿は、痛ましい難民のようであり、為す術もない目撃者のようであり、痩せた大地にすっくと立つその土地の民のようにも見えた。そしてその中の二枚は、西表炭坑に関係していた。

当時の私はまだわかっていなかったが、一枚は自宅のリビングにいる楊添福を写した写真で、その背後にいるのは服を畳んでいる橋間おばあだった——この写真は私たちがこれまでに発見できた中では唯一の、楊添福とおばあが一緒に写っている写真でもある。

そして別の一枚、「西表島の〝炭坑地獄〟の生存者」と題された写真には、石垣の前に並んで立っている老人たちが写っていた。既に雲散霧消してしまった歴史の目撃者のようにも、じきに消えゆくだろう自分たちの命を無言で訴えているようにも見えるこの老人たちは、石垣島の老人ホーム「厚生園」で孤独な老後を送っていた元坑夫だ。その中には「宇多良炭坑」の重要な証言者として三木先生の著作にたびたび登場する大井兼雄さんも含まれている。

アジア各地の戦乱と辺境を記録するため長年に亘って現場を走り回ってきた三留先生が、当時のことをあまり細かく覚えていないのは当然だった。仕事用デスクの上にあった、今後の予定のメモを見たところ、三留先生は毎月どこかへ撮影に行っている。最近の行く先はどれも東

三留理男先生撮影による楊添福と後ろにいる若いおばあ

「西表島の“炭坑地獄”の生存者」、三留理男、『見る。書く。写す。天下縦横無尽』(1977年、潮出版社)

南アジアで、カンボジア、タイ、ラオスなどを小刻みに移動する道のりがびっしりと書き込まれている。

この日の訪問は様々な雑談の中で終わった。三留先生は何冊ものずっしりと重い写真集と、ご自分で書かれた書籍をお土産に持たせてくださった。これらの書籍はその後、私と共に沖縄へ引っ越すことになる。

三番目の「目撃者」による足跡は、私たちが『緑の牢獄』を撮影していたこの数年間、ずっと私たちの身近に存在していたにもかかわらず、ファイナルカットの段に至っても『緑の牢獄』本編にその姿を直接には現していないまるで幽霊のような存在だ。そのアーカイブ映像からは――『雨夜花(ウーヤーホエ)』を口ずさむ楊添福の歌声だけが、使用されている。これもまた、本土復帰後の数年間に於いて作成されたものだった。

「ルポルタージュにっぽん」の一本として1979年にNHKが撮影した、『石垣島の陳さんたち　―石垣島・西表島の台湾出身者たち―』。八重山の台湾人をテーマとして扱ったテレビドキュメンタリーは幾つかあるが、中でもこれは西表炭坑で働いていた台湾人を作品のテーマとして正面から取り上げ、なお且つ当事者がまだ存命中だった1970年代に作成されたため、現存するアーカイブ映像の中では最も情報量が豊富なものとなっている。NHKの記者はこの時、多くの移民一世を訪ね、無数の貴重なインタビューを残した。その中でNHKがこの歴史を代表する主人公として選んだ「陳さん」、これは戦前に基隆炭鉱で友人から誘われて宇多良炭坑へやってきた、あの失明した陳蒼明さんのことだ。ひょっとするとその失明こそが、NHKの好む歴史の変遷というテーマに極めて合致していたため、NHKは陳さんをこの番組の主軸として選び、陳さんと共に西表島を探訪したのかもしれない。失明した元炭坑関係者の老人が小舟に揺られ、他者の手を借りて島に上陸し、密林の中の廃墟へと足を踏み入れる。その光景はこれ以上ないほどにドラマティックな、映像による叙事詩だった。

西表炭坑に関する部分では、楊添福も登場する。陳蒼明さんの傍にいて、時折画面に映り込んでいる。このドキュメンタリーは記者によるナレーションを中心とし陳蒼明さんを主役に据えているため、楊添福の立ち位置はあくまでガイド役だ。西表島の炭坑廃墟の位置を熟知している楊添福は、画面に向かって、熱心にそれを紹介している。その中に、NHKの記者が『雨夜花』をリクエストする場面があった。植民地の人々の心を代弁する歌であるこの曲を、台湾人に歌ってほしい、と。そして楊添福による約10秒間の貴重な歌声が記録されたのだ。その短い歌声は、まさにこの数年間私が夢見てきたものであり――私たちが必死に探しているものは確かに存在するのだと高らかに告げているかのようだった。

最後の「目撃者」が私の前に現れたのは最も遅い時期、2018年だ。しかし私に示されたその記録は、これまで出てきた記録の中では一番古い時代に属するものだった。この年11月17日の「文化の日」から毎週土日に台湾各地を巡回する形式で開催された合計六日間の映画祭

「２０１８臺灣文化日巡迴影展」に於いて、台灣文學館の前館長である廖振富（リアオ・ヂェンフー）教授と同じ舞台に立ち対談する機会があった。そしてその対談の直前に一つの文献を目にしていた廖教授は、西表炭坑を研究している私に、その文献の存在を壇上で伝えてくださったのだ。対談終了後も私たちはその件について熱く語り合った。

時は１９３２年。戦後に「台湾随一の書家」と称される曹秋圃（ツァオ・チウプー）はこの年37歳で、既にプロの書家として暮らしていた。そんな彼は、西表島へ調査に赴く台北帝国大学（現在の台灣大學）の久保天隨教授に同行する機会に恵まれる。そしてその旅に於いてこの二人の文人は、西表炭坑の様子を垣間見たのだった。西表炭坑訪問後、曹秋圃はその記録として漢詩一首を残している。

　化日已無光，峚峚過險崗；濤聲增怛惻，月色總凄涼。
　蠆毒孤懸島，人權蹂躪鄉；可憐歸燕雁，海表任迴翔。

（太陽は既にその威光を失い、険しい山へと沈んでいく。波の音が悲しみをいや増し、月の光が寒々と辺りを照らす。ここは災いに満ちた絶海の孤島、人権を踏みにじる里だ。憐れみの情を燕や雁に託せば、海の彼方の故郷へも伝わるだろうか）

この詩には以下の序文が付けられていた。

「西表島，為琉球唯一炭礦地，吾臺人多被騙，賣為該島礦勞工，日只供衣食而已，即有些少工資，亦不許帯出島外，間有冀脱身者，以孤懸絕島，防閑嚴緊，十不逃一，非無巡警可訴，奈不瞅睬，故老死是鄉者，不少其人云……（西表島は琉球唯一の炭坑の地であり、我が同胞である台湾人の多くが虚偽によって、この島の坑夫として売られている。日々供されるのは衣食のみで工賃は乏しく、島の外へは持ち出すこともできない。中には逃げ出すものもいるが、絶海の孤島であるため見張りは厳しく、逃げ切れる者は十人に一人もいない。警察に訴える術もなく、ただ見ていることしかできないため、台湾人はこの島で老いて死んでいくのだと、多くの者が言っている……)」

曹秋圃はその一瞬に、いったいどれほど衝撃的な光景を目撃したのだろう。文人としての彼の感性による推察と想像の産物なのか、それとも坑夫への聞き取りくらいはその場で行った上での作品なのか。

いずれにせよ、西表炭坑に於ける台湾人坑夫の実態を目にする稀少な機会に恵まれ、なお且つそれを「描写」する能力を備えていた曹秋圃は、その豊かでロマンに満ちた人道主義的な眼差しで、「悲惨の島」を描き出した。そこに描かれているものは、後日、三木先生が西表炭坑に対して抱いたイメージにも近い。そしてこれは、西表炭坑の台湾人をその目で実際に見た台湾人による、私が知る限り唯一の描写でもある。

外部から来訪したこれらの「目撃者」に、物事を客観的に記録する者としての態度と考察力が備わっているかと言えば、そうは言えない。むしろこれらの目撃者は歴史の一瞬に於いて、ロマンティシズムと先入観に支配された視点から西表炭坑をその目に映し、その一瞬を記録に残したのだ。そしてその記録自体もまた書き手の想像や推察に基づいた解釈と融合して膨れ上がっており、非常に謎めいた、実態の掴みづらいものになってしまっている。私はまるでこれらの膨らみ切った歴史の影の中で、その本体を見つけようと手探りしているかのようだった。

歴史考証チームと仕事をしたこの数年間で、私はこれらの「当事者以外による目撃情報」に含まれる内情や背景を見抜き、その情報の純然たるコア部分を判別できるようになった。少なくない時間を消費したことは確かだが、私の思考能力は成長を遂げた。映像とはつまるところ、被写体がほんの一瞬見せた表面的な姿を映し出しているに過ぎない。その表層の中にある真実をどう捉えるのか、これはドキュメンタリー映画の作り手が考えなければならない問題であり、単純に被写体の上っ面だけを手っ取り早く撮影すればいいというものではない。

しかし制作の進度や締め切りなどの実際問題を前に、人は時としてこれらのモラルを忘れ、自分の都合のみを優先しがちだ。

そしてこれらの――２０１４年からの期間に私の前へと姿を現した証拠と目撃者とが形作っている一つの時代の姿、そしてその背後の歴史の「イメージ」は、まるで更なる深い場所での探求へと私を手招いているかのようだった。

第三節　末裔からのメッセージ

２０１７年の年末だった。それはもしかすると『緑の牢獄』の情報がネットに拡がりつつあったせいかもしれないし、炭坑研究の専門家である張先生とタッグを組んだことで、張先生のブログの文章に「西表炭坑」というキーワードが加わったせいかもしれない。ある日、張先生から私に連絡が来た。張先生のブログに送られてきたメッセージを転送してくれたものだった。

「私の父、徐傳能（シュイ・チュアンナン）はかつて日本統治時代に西表島で――恐らく丸三炭鉱の宇多良炭坑で働いていました。台湾へ戻っていた際に第二次大戦による爆撃で交通が途絶えてしまったため、西表島へ帰る術がなくなったのです。西表島で結婚し、子供もいたことを、父は息を引き取る間際にようやく明かしました。子供は四名で、徐一郎、徐二郎、徐菊子、徐純子と言いますが、何か手掛かりになるような情報はないでしょうか？」

驚くべき一報だった。あんなに苦労して探していた台湾人坑夫の子孫が、まさかこんな風にいきなり現れるとは！

途中幾度か連絡は途切れたものの、2018年の年頭に、基隆の海沿いの道にあるカフェで、私たちはついに徐家のご夫婦に対面した。その日、冬の強い海風が吹きつける道路上で、私と張先生、そしてカメラマンの駿吾の三人は、この長い歴史の中で基隆と西表島がどれほど近い関係だったかを目の当たりにした心地だった。たとえ海面が風と波に覆われていても、結局何かしらの手掛かりは浮かび上がり、後世の人間に推測させるのだ。

徐（シュイ）さん夫妻の望みは、家族の昔の歴史を知りたいというよりむしろ、父親が臨終前に突然口走った「沖縄に残した子供たち」を探したいということだった。慎重を期すため、私たちはこの日の会話を撮影し記録することにした。

以下がその日の私たちの会話だ。「黄」が私で、「徐」が徐さんを指す。

黄：徐さんのお父さんは、以前も台湾の炭坑と関係があったんですか？　そしてその後もずっと基隆の炭坑で働いていた？

徐：いえ、父が採炭坑夫になったのは、台湾に戻った後です。父はしばらくの間、卸売りの仕事をしていたんですが、結婚したのでお金が必要になりました。それに当時の炭坑は給料が比較的高かったんです。それでその後も炭坑で採炭の仕事を続けるようになりました。働いていた場所はほとんどが基隆一帯です。私たちが住んでいた場所も炭坑の傍でした。木南（ムーナン）煤礦です。國際煤礦（國營煤礦）の辺りにある。あそこが停業した後は瑞濱（ルイビン）辺りの炭坑に行きました。瑞芳の辺りです。

黄：なら、西表に行く前に炭坑で働いた経験は？

徐：ないです。直接西表に行ったんです。行く前は漢餅を作っていたと……。

黄：小さい時からパン作りをしていたのに、24歳で突然西表に行った、こういうことですか？

徐：違います。24歳というのは私の推測です。父が私に、帰ってきた時には向こうに四人の子供を残してきて、一番上の子が四歳だったと言ったので。父はその時、親に会いに帰ってきていたんです。そうしたら船が爆撃されて運航が途絶えてしまった。おまけに後では二二八事件も起こるし、到底帰れませんよ……。私の母と父が結婚したのは民國38年（1949年）前後です。そこからはたぶん生計を立てるのに忙しくて、子供も増えましたしね、それでたぶんそれ以上はそっちへ帰って家族を探そうとはしなかったんじゃないかと。

黄：西表に行った時は技術工で、帰ってきた後は坑夫ですか？　それとも技術関係？

徐：西表にいた時は、みんな炭坑の中で石を叩いていたと、父は言っていました。日本人はその音を聞くと、その人にその技術があるかどうか判定できるんだそうです。戻ってきた後は、父も坑夫としてだけ働いていました。技術的なものは仕事に含まれていません。

黄：その頃の台湾人があそこへ行って日本人と結婚して子供も四人生まれて、ってのはほぼ可能性がないんですね。この話は妙なんです。台湾人の状況っていうのは、全部、台湾人のグループがやっている炭坑に行くし、それに西表炭坑にはそもそも現地の人が少ないですから……。お父さんはその辺はどんな風におっしゃっていましたか？

徐：相手の女性は西表島の海辺で雑貨店をしていたと、父は言っていました。琉球人だと言っていたので、西表の人のはずです。自由恋愛だったんじゃないかなと！　けっこう長い関係だったとも思うんですよ。四人子供がいたってことは、少なくとも四年以上の付き合いですし、それに名前のことだってあるし。西表に仕事に行ってたってのは、テレビのドラマを見ていた時に口にしてたんです。子供のことを話したのは、亡くなる半月前でした。嘘ではないはずだと思うんですよ。だってもう最後なんですから。人生の最後ですよ。

黄：なら、お父さんが西表のどの炭坑で働いていたのかはわかりますか？

徐：丸の中に三って文字が一つ書いてある場所だと言っていました。「マルサン」、です。

黄：ああ！　「マルサン」は「丸三」です。当時非常に悪名が高かった炭坑の「丸三炭鉱宇多良鉱業所」に間違いありません。あそこなら確かに台湾人坑夫が何人か行っていたことがあります。もしあそこなら、確かに現地の人と接触した可能性はあるんですが……。お父さんは「内離島」、この地名を口にしたことはありましたか？　でなかったら、奥さんだった女性の方の名字は？

徐：内離島と口にしたことはないです。手掛かりはただ、西表島の、海辺の雑貨店、としか。それと、父たちが着ていた服にはどれも、丸に三の字の印が入っていました。女性の姓は……父は言っていなかったのでわかりません。

黄：そこ、問い詰めておけばわかったはずなのに！（一同、笑）そこ大事ですよ！　子供がまだ小さかったなら、台湾人の姓じゃなく、全員、母方の姓を名乗ったはずなんです。現地の人と結婚したなら、坑夫階級じゃなかったはずですよ。日本語が得意だったなら、通訳とかだったんじゃないかと思うんですが。そうだ、ご家族はずっと基隆に住んでらしたんですか？

徐：その可能性もあります。父は連れて行かれたんじゃなく、頼まれて行ったので。私たちが住んでいるのは金山(ヂンシャン)（新北市金山區）です。父は子供の頃は金山にいたんです。西表に行って帰ってきた後はずっと基隆です。金寶山(ヂンバオシャン)に近い辺りで、三芝にも近いですよ。

黄：私はお父さんが西表で四、五年暮らしていて、本当にそこで結婚生活を送っていたのかという点に比較的興味があるんですが、お父さんがその時、西表から台湾に帰ってきた理由はなんだったのか、お父さんは言っていましたか？

徐：実は父は、西表にずっと暮らすつもりで、決心をしたところだったんです。……相手方の条件も良かったですし。それで両親にそのことを告げるために台湾に戻ったんです。まさか二度と西表に帰る術がなくなるだなんて……。

黄：ということはお父さんは自由もあったし、戻る旅費も持っていたということになりますね……。以前働いていた場所の環境について話しているのを聞いたことはありますか？どんな風に描写していました？

徐：いつも子供を連れて海辺に遊びに行っていたと父は言っていました（笑）。時々、洞穴を掘って、石を叩くんだと、言っていたことがあります。坑道を掘る時には、作業をする人たちを監督しに行って、その人たちに石をどう叩くのか教えるんだと。これって技術な可能性ありますか？　お客さんが来た時だけ、一緒に入って炭坑の紹介をするんです。まるでデモンストレーションみたいにお客さんにそうやってみせて。

（中略）父の戸籍資料を調べに行ったことがあるんです。でも20歳から25歳までが空白でした。この五年間、父がずっとどこで過ごしていたのか、もっと調べるべきかもしれません。もし西表の方に正確な住所の登記があれば、もっと簡単なはずです。少なくとも父がどこで働いていたのか、どの炭坑にいたのかはわかるでしょうし……。

これは私たちにとって、台湾に戻った台湾人坑夫の子孫と実際に対面して交わした、唯一の、そして初めての会話だった。その父親が技術工としての身分と、自由恋愛が可能な地位とを持っていたことは掴めたが、もしそれが悲劇的色彩の比較的濃厚な宇多良炭坑でのことだったなら、どう考えても不可思議だ。そういう訳でこの日の会話は、大きな謎を残した。徐さんからは、消息不明の親族探しを後日手伝ってほしいと頼まれたが、手掛かりは少なすぎ、子供たちの母方の姓もわからない。これで探し当てるのは実に難しい。

宇多良炭坑にいた何人かの台湾人の物語を私は思い出していた。悲惨な出来事の多い現場だったとはいえ、そこで功成り名を遂げた人が何人かはいたことも確かだ。つまるところ、宇多良炭坑とは幾分黒社会めいた色彩を備えた「社会の雛形」だったのだ。佐藤金市氏の自伝からは、当時の宇多良炭坑が、ピラミッド型の段階的組織構造を備えた信賞必罰の世界だったことがはっきりと見て取れる。

「納屋頭」を出世の皮切りとして経験を積み、最後には小規模な採掘を請け負う「親方」か「斤先人」へと抜擢される——だがその抜擢がどういった基準で行われるのか、それは一言二言で記録できるものではなかったようだ。結婚の自由を獲得していた徐さんの父親は、「ご褒美」にありつけた幸運な人だったに違いない。

私たちの行っている歴史考証に於いて、徐さんの父が何らかの「生きた証拠」になる可能性はあるだろう。だがそれは可能性があるというだけの話で、その結論は一朝一夕に出るものではない。

だからと言って、この発見がまったく無意味かと言えば、もちろんそんなことはないのだ。「歴史の中の空白地帯」の中にかつて生きていた現実の人間や物事が、僅かな文献と資料以外のどこかから、まるで水面に影を浮かび上がらせるようにして、その姿をちらりと覗かせている。それを見い出すことは――ドキュメンタリーの作り手である私にとっては――「真実」を

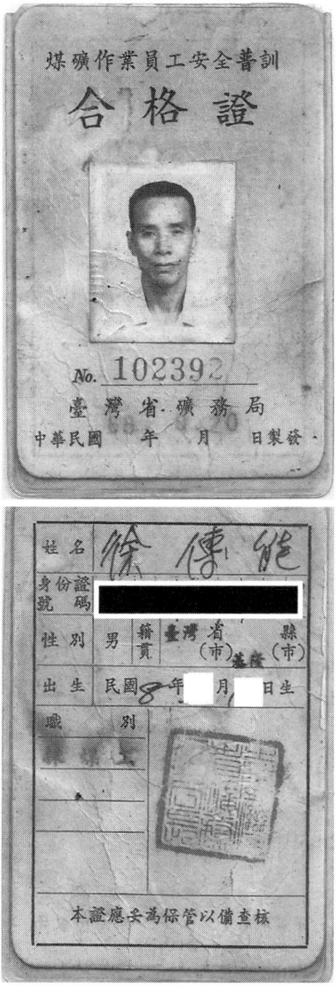
煤礦作業員工安全普訓
合格證
No. 102392
臺灣省礦務局
中華民國 年 月 日製發

姓名 徐傳能
身份證號碼 [redacted]
性別 男 籍貫 臺灣省(市) 縣(市)
出生 民國8年 月 日生
職別
本證應妥為保管以備查核

「臺灣省礦務局」が発行した徐傳能さんの安全訓練合格証明書。職種が「採煤工(採炭坑夫)」だと記載されている

構築するための道へと続く新たな扉を開くに等しい意義がある。

第四節　九州見学行

調査を進める中、九州の炭坑遺跡を見学に行きたいという思いはますます明確になってきた。主な理由は、山本作兵衛による「炭坑記録画」だ。『緑の牢獄』の再現ドラマ部分撮影のため美術考証に着手した時、この画家の名前がたびたび浮かんできた。その炭坑画が「ユネスコ記憶遺産」にも登録された国宝レベルの画家、山本作兵衛。坑夫だった彼はその晩年に絵筆を取り、記憶の中の戦前の炭坑生活を描き出して、後世のために千枚以上の貴重な炭坑画を残している。

悲しいほど記録の少ない辺境の西表炭坑に比べると、九州はさすがに東洋一の大炭坑地帯だけあって、先進的な科学技術と、豊富な歴史資料、加えてこのような国宝級の画家によって描き留められた記憶という資産まで持っている。それに付けても思い出すのは、西表島で私たちの調査に協力してくださった地元の古老、石垣金星さんがたびたび口にしていたことだ。丸三炭鉱の坑主だった野田小一郎、その子孫に当たる人が岐阜県にいて、その家には宇多良炭坑を描いた絵が一枚、掛かっているのだという。私たちは関係者を通じて幾度かこの絵の行方を追ったのだが、いまだに見つけ出せていない。

　再現ドラマ部分の撮影準備に着手した私たちは、戦前の炭坑の様子が具体的に見て取れる、より多くのビジュアル的な参考資料を渇望していた。そしてついに２０１９年の初頭、私たち四人――炭坑研究専門家の張先生とムーリンプロダクションのメンバー三人（私、カメラマンの駿吾、企画制作と広報を担当している菅谷）は、九州へと調査に赴くことになった。

田川市石炭・歴史博物館の再現された炭坑住宅

まず立ち寄ったのは、著名な筑豊エリアに位置する田川市。炭坑文化を今日まで保存し続け、毎年「炭坑節まつり」を開催している街でもある。張先生が既に数回顔を合わせていたご縁もあり、田川市石炭・歴史博物館の研究員の方が、館内をガイドしてくださった。膨大な収蔵品の中から、明治時代以来の石炭採掘に於ける科学技術発展下で用いられてきた様々なスタイルの装備品や機材の実物が展示されている。更にこの博物館には、当時の炭坑住宅が再現された野外展示の一角があり、その時代を模した通りと、通りの両側に建てられた各時代の長屋が、実に興味深い。

過去を再現したこの一角で私たちは筑豊炭坑の「風情」をまざまざと味わった。「風情」という言葉を用いたのは、この場所の光景が、紛れもなくノスタルジックなものを孕んでいたからだ。それは西表炭坑では、いまだかつて感じたことのない気持ちだった。人によっては「これは昔の貧しく苦しかった生活を恋しがるものだ!」と主張しそうでもあるし、台湾の「眷村※生活」が漂わせているレトロさにも似ている。苦いものではあったが、もはや実在する訳ではない、そういった物憂(ものう)げな空気は、田川市石炭・歴史博物館の展示と解説のそこかしこに滲み出ていた。

山本作兵衛が描いた絵の中の世界に私たちが触れるのはこれが初めてだった。まるで任侠映画の登場人物のような、全身に刺青を施した男や、褌一丁の集団生活、老若男女が入り乱れる活気溢れる「炭坑村」。これが「九州の炭坑」に対する第一印象だった。

九州の炭坑史に、中国と朝鮮から連行された労働者の姿も多く見られることは特筆すべきだろう。特に朝鮮人坑夫は筑豊エリアに於ける坑夫のうち、33%を占めていた。このため、博物館のある石炭記念公園内には「韓国人徴用犠牲者慰霊碑」も建てられている。九州の炭坑に対する韓国の論調に於いて中心を占めているのは強烈な植民地意識と深い憤りだ。それは、映画『軍艦島』(2017年)を見れば容易に理解できる。

筑豊エリアで次に見学したのは、直方(のおがた)市石炭記念館だ。ここは「旧筑豊石炭鉱業組合直方会議所」の建物を博物館としてリフォームしている。また本館裏にある「救助訓練坑道」が九州炭坑救助隊連盟直方救助練習所だったこともあって、館内の展示では、「現代の炭坑」が必ず備えるべき救助用の器具、その技術革新や炭坑に於ける保安知識を詳細に説明し、九州の炭坑が労働者の安全に如何に配慮しこれを重視してい

※戦後、中国大陸から台湾に進駐してきた中華民國(國民党軍)の兵による軍人村。上級の軍人は日本人が引き揚げて空き家となっていた官舎や個人宅に入居したが、下級の兵士たちは様々な空地に家を建てて集団生活をすることが多かった。これらの軍人村はその後、高度経済成長の過程で立ち退きを迫られマンションなどに再統合されたり、それ以外の土地でも子供世代が就職し独立することで自然に居住者が減るなどして、消えていった。住民を失った廃墟のうちで残っていたものが2000年代後半から徐々にノスタルジックな存在として注目を集めるようになり、今ではリノベーションなどを経て観光地化している場所もある。

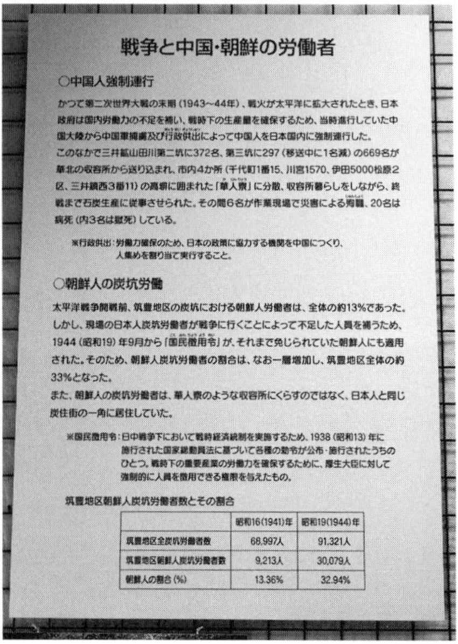

田川市石炭・歴史博物館の敷地内に建つ「韓國人徴用犠牲者慰霊碑」

敷地内にある中国・朝鮮からの坑夫に関する説明：戦時中、中国からは捕虜を含め669名が強制連行された。また「国民徴用令」に基づいて動員された朝鮮人坑夫の割合は、一時は筑豊炭坑の全坑夫のうち33%を占めた

宮若市石炭記念館には坑道内の一角が再現されている

たか、そしてこの地で用いられてきた技術や採掘現場での労働条件が如何に優れていたかを繰り返し強調している。

続いて私たちは宮若市石炭記念館へ向かった。ここは昭和にできたレトロな展示施設だが、実物を含めた歴史資料の陳列数では群を抜いている。今回の旅で見学した中では最も収蔵品が豊富な資料館であり、私たちはここの見学にかなりの時間を費やした。明治時代から1970年代の閉山に至るまでの坑内で使われていた設備の実物や再現品、炭坑生活を描いた多くの油彩画作品などが展示されている。館長も知識が豊富で、筑豊炭坑の物語を熱心に紹介してくれた。この資料館の収蔵品は賞賛に値するし、張先生のような炭坑マニアや研究者にとっては必ず訪れるべき聖地だと言っていいはずだ。

飯塚市にある「旧伊藤伝右衛門邸」にも訪れた。ここは「筑豊の炭鉱王」と呼ばれた伊藤伝右衛門と、その妻で女流歌人の柳原白蓮が共に暮らしていた邸宅だ。目を瞠(みは)るような豪邸と、贅を尽くした日本庭園の姿からは、炭坑という小さなピラミッド構造社会の頂点が持つ地方領主のような羽振りの良さをまざまざと窺える気がした。筑豊一帯の様々な炭坑遺跡は静かな住宅地のところどころに埋もれている。観光協会発行の地図を手に、それらを探して現代の道路を歩き回るのには、オリエンテーリングのような面白さもあった。

西表炭坑と同じく植民地労働者による歴史を持つが、九州の炭坑には私たちがこれまで西表炭坑に関する記述の中で目にしたことのないものがある。ここまで見てきて、私たちはそう気付いた。それは近代的な科学技術に基づく設備、そして労働組合や安全点検、完備された装備や道具類といった比較的完璧に整えられた現代的な会社制度だ。

また九州の炭坑は1970年代まで全面的に運営されており、その後徐々に閉山されていったものの、遅い場所では2000年近くになってようやく採掘を終了している。その長い歴史と地元の人間による炭鉱業への依存が、この地の文化を形作るのにある程度寄与したという点も、西表炭坑とは異なる。西表炭坑では、坑夫も経営者も全て地元八重山以外から来た人間で構成され、あくまでも外部から来た開発者という立場でしかなかった。

筑豊エリアで私たちが最後に訪れたのは、この旅のハイライト「三池炭鉱」の跡地だ。福岡県の南端、大牟田市に位置するこの炭坑は、ユネスコの世界文化遺産として登録された

日本庭園を備えた「旧伊藤伝右衛門邸」

「明治日本の産業革命遺産　製鉄・製鋼、造船、石炭産業」の中の重要資産でもある。この「三池炭鉱」は日本に於ける産業の近代化を牽引した炭鉱業界の代表的存在であり、明治初期に於いては「囚人労働」を許可された官営事業だった。その後は三井財閥によって経営され、１９９７年に閉山している。

　大牟田市は三池炭鉱の本拠地であり、明治時代に於ける産業革命の痕跡はこの地方工業都市の至る所で見られた。その中には「囚人労働」を支えた監獄――「三池集治監」も含まれている。ここは今では三池工業高校の敷地となり、グラウンド脇の道路に面した塀だけが当時の名残りだ。しかし周囲のごく普通な住宅地に馴染まないその高い塀からは、かつてその建物が漂わせていただろう寒々しい空気を今でも感じ取ることができる。

　そしてここに現存する最大の炭坑跡地が、世界遺産の構成資産――三池炭鉱「万田坑」だ。その規模と超現実的な光景

「三池集治監」の塀（現在は三池工業高等学校のグラウンドの塀となっている）

に圧倒されるこの跡地は、真面目な話、廃墟マニアから相当に愛されているらしい。レトロな工業機械と廃棄された建物が、荒廃と大自然の力による風化が混ざり合う中で、まるでSF映画のようなサイバーパンク的美学に満ちた廃墟を形作っている。おかげでこの跡地を単なる観察者の眼差しで見るのは、私たちにとってもかなり困難なことだった。

万田坑は1997年になってからようやく閉鎖されたため、園内に残る設備も自然と、ある程度現代的な科学技術に基づいたものとなる。しかし私たちが注目したのは、やはり建築物とその構造だった。その両者からは、ここが明治の産業革命下で大金を投じて築かれた「東洋一」の大炭坑だったことが見て取れた。当時、三池炭鉱はイギリスから最先端の採炭設備を導入している。特に明治41年（1908年）に建設された第二竪坑櫓は今なお大牟田市内に聳え立つ、明治産業革命の不動のシンボルだ。

更にもう一つ、同じく三池炭鉱に属し、万田坑より若干早い時期に開削された「宮原坑」。敷地こそ狭いもののこの跡地には、明治34年（1901年）に建造された、日本で現存する中では最も古い鉄筋コンクリート製の基礎部を持つやぐら、「第二竪坑櫓」が建っている。またここでは他にも、当時イギリスから導入されたエレベーターケージ（この第二竪坑は人や資材の昇降用だった）や排水設備を見ることができる。

　世界文化遺産に登録された三池炭鉱の重要性は、この二ヶ所を訪れることで確実に推測可能だ。そして日本近代史に於ける産業革命の栄光の下、最前線に位置していたこれらの炭坑の跡地で、その暗黒面についての説明をこれ以上見受けられないのは当然だろう。

「東洋一」という言葉の主な意義は、「九州の炭坑」を日本近代産業革命の重要な指標として認定することにある。このため、かつてその重労働のせいで「修羅坑」と呼ばれていた三池炭鉱であっても、提示されるのは遠い南の辺境に位置する西表炭坑や、北海道の夕張や釧路の炭坑に比べると今のように、より画一的なプラスの面だけとなるのだ。

レトロな雰囲気を醸し出す三池「万田坑」の廃墟

三池「宮原坑」の第二竪坑櫓

三池「宮原坑」のイギリス製エレベーター

結局のところ、近代産業史を象徴するこの巨大炭坑は、偉大なる大日本帝国近代化の歴史という、日本人にとっての耳触りのよさで主流となった共同幻想以外は容認できず、そして他者による異論を一切許容しようとしない、拒絶の主戦場となってしまっている。

福岡での旅程を終え、私たちは車で長崎へと向かった。「明治日本の産業革命遺産　製鉄・製鋼、造船、石炭産業」に登録されている炭坑跡地の中には、長崎県に位置する二つの炭坑が含まれている。１８６８年に開業した「高島炭坑」と１８７０年に開業した「端島炭坑」（通称「軍艦島」）だ。

長い歴史を持ち、ほぼ隣り合っているこの二つの炭坑で採掘が始まったのは、三池炭鉱を主とした福岡県の炭坑よりも更に数年早く、明治維新直後の廃藩置県の時期となる。特に「高島炭坑」は幕末に佐賀藩とスコットランド商人のトーマス・グラバーが共同出資で商会を作り、採炭に着手したのが始まりだった。その後、どちらの炭坑も三菱財閥による経営となり、戦後になって「高島炭坑」は1986年に、「端島炭坑」は1974年に、それぞれ閉山した。

「高島炭坑」――高島町には今もまだ400人ほどの住民が暮らしている

島に聳え立つ三菱の創業者、岩崎弥太郎の銅像

「軍艦島」へ行くには、この島の見学に関する長崎市の条例に基づいて市から事業許可を得た地元の旅行社によって運航されている船に乗り、やはりそれらの会社が運営しているガイドツアーに参加するしかない。島内が崩壊寸前の危険な廃墟だらけなため、安全誘導員であるガイドの同伴なしでは見学できないというのが主な理由だ。私たちはまず島の対岸の野母崎にある軍艦島資料館で、1960年代に世界一の人口密度を誇ったこの炭坑島についての事前学習をした。

大きな期待と共に目にした「軍艦島」の広大な廃墟は、実に衝撃的だった。私たちは全員が、限られた時間の中で必死に、自分の目と、手にしたカメラに、目の前のこの光景をできる限り多く収めようとしていた。

この九州旅行に出発する前に、私は韓国の映画『軍艦島』を視聴し、この島の上で繰り広げら

れている日韓両国間の争いを理解した。もしくは「炭坑」が、近現代史の中で不可欠な産業の要塞として、如何なる経緯で、一つの階級闘争に、イデオロギーに、ナショナリズムの対決の場になっていったのかを、このイデオロギー過多な映画を通して理解したとも言える。そして映画は——マスメディアの中でも深い影響力を持つメディアとしての映画は——、政治的な武器や反論のための材料、目撃者の証言になる可能性を備えていると同時に、相互理解や和解を促進する文化メディアになる可能性をも備えているのだということも。

「軍艦島」は今や世界に類を見ない人気スポットとなっている。廃墟の中で崩壊寸前の建物を鑑賞してその美しさに酔いしれ、その圧倒的な規模を前にひれ伏す人々。島の上には数十棟に及ぶ高層集合住宅がひしめき合う海上都市があり、目に見えない海底には坑道が四方八方に伸びている。こ

端島——「軍艦島」

れは確かに近代産業の奇跡であり、20世紀の発展史に於ける人類の縮図でもある。かつて人口密度が東京の9倍以上にも達したこの島は、語られることも、解き明かされることも、直視されることも困難な歴史をその上に秘めているが、その歴史を語ることができる者は、実際にその歴史の中で翻弄され、努力して暮らしてきた労働者とその家族以外にはいない。住民が去り空っぽとなった建物は、われとわが身を一つの記号へと変え、何も語りはせず、しかし沈黙し

軍艦島に残る膨大な廃墟

ている訳でもない廃墟の象徴となったのだった。

もしかするとそれこそが「廃墟」の存在意義なのかもしれない。誰かに語られ、悼まれ、凝視されるのを「それ」は待っているのだ。喧噪の中に於ける無言の存在となり、かつてそこで暮らしていた生きとし生けるもの全てが死んでいってしまったという記憶を抱いて、「それ」は本当の「廃墟」となる。そしてこの死の島を鑑賞する私たちができるのは、その「死せる存在」を前に跪き（ひざまずき）、それを悼み、そしてそれを目撃することだけなのだ。

密林に覆われた孤島に残された西表炭坑の「廃墟」を思い起こしてみよう。あの「廃墟」もまた「発掘」され「意味づけられる」のを待っている。だが私たちは如何なる歴史観をベースにして「それに意味づけをする」べきなのだろうか。

残された廃墟に意味を付与するための根拠となる理論を構築し、その「廃墟」がまだ廃墟ではなく実際に使われていた「かつて」の時代にそこに存在した人や起こった物事について討論すること——そこには理論の根拠となるドキュメンタリーの作り手自身の歴史観及び主観、提示された証拠をどう捉え利用するのかの道徳的判断、といった全てが関わってくる。

私たちのやるべきことは、その廃墟がまだ廃墟ではなかった時代の「社会」を歴史の中から蘇らせ、今の世の人々が読むことのできる文書にすることだ。しかし私たちはまだ西表炭坑の「真実」を模索する道の途中にいる。そして、歴史に記載されることがなかったがゆえに生じた「歴史上の空白」を目の当たりにしていながらも、それを埋めるための補完パーツ、一本のドキュメンタリーの中に込めるべき自分たちの世界観を構築するための充分な足場をいまだに見つけ出せずにいる。

だからと言って私たちは既存の本に記されているイメージや記号を再利用して作文を書くような真似をしたくはなく、また結論らしきものが提示されたからと言って、証拠がまだ足りていない状況の中、つじつまの合っていないそれ目掛けて闇雲に飛びつくような真似もしたくはないのだ。だからこそ私たちは歴史考証という名目を楯にして、このゆるやかな漂流と模索の旅を続けながら、自分が少しでも前進できるようにと、自分の乗った小舟が同じ場所でこれ以上ぐるぐると空回りを繰り返すようなことにはならないようにとだけ祈っている。

軍艦島を後にした私たちは、最終日には九州の炭坑史に於ける最後の一個の炭坑となった「池島炭鉱」を軽く見学するにとどめた。「池島炭鉱」の閉山は2001年で、軍艦島と同じく島内に大量の廃墟を持つ炭坑島だが、今も僅かに100名程度の住民がこの島には残っている。2019年の九州に於ける私たちの炭坑調査の旅は、こうして長崎で終わりを告げた。

異国情緒を色濃く持つこの港町と近代日本に対し多大な貢献をしたスコットランド商人、トーマス・グラバーの屋敷から、「世界新三大夜景」と称される長崎の夜景を味わう。

明治維新、幕末の西洋の科学技術、「東洋一」の産業革命――「九州の炭坑」にたびたび「ロマン」を吹き込んできたこれらの要素と西洋人との交錯が生んだ様々な色合いの歴史の息吹。これまで見学してきたどこよりも更に強くその息吹を帯びている街、それが港町長崎だった。しかしいずれにせよそれらの輝かしいイメージは、西表炭坑――南の島の密林に包まれた炭坑の廃墟――に残されているあまりにも濃厚で暑苦しい怨恨、そして失われ解き明かされることのない膨大な感情とは、天と地ほどに遠い存在だ。

旅は終わった。沖縄へ、『緑の牢獄』のじめじめとして蒸し暑い世界へと帰ろう。私たちは大量の調査をまだまだ前に進めなければならないのだから。

「世界新三大夜景」の一つ、長崎の夜景

第五章……証拠

『アジアはひとつ』（1973 年）の撮影時に、撮影隊が写した楊添福夫婦の写真（井上修先生提供）
※添福夫妻は帰化せず、復帰に際しては永住権を取得していた

往々にして数年間に及ぶドキュメンタリーの撮影工程。そこには、その映画が最終的にいつ「完成」するのかの目安となるマイルストーンのような「宝物」の出現が含まれている、それが私の考えだ。

その宝物の保存形式が、写真だろうが録音テープだろうが、ホームビデオだろうが、そんなことはどうでもいい。大事なのはそこに秘められている中身だ。掘り起こされるのを待っていた宝、パズルの重要な一ピース、これまで明らかになっていなかった談話――、そういったものが、既にその制作に年単位の時間を費やしているドキュメンタリー映画の中に嵌め込まれ、なめらかに繋ぎ合わされる。それは一本の映画を完成へと導くことができる重要な瞬間だ。

思うに、これはドキュメンタリー映画と、テレビのドキュメンタリー番組（もしくは報道特集）との最大の違いでもある。ドキュメンタリー映画は、この「宝物」の出現（一種の発掘）を年単位で待つことができるのだ。

またはこうも言えるだろう。宝が姿を現すかもしれない場所を、時間を掛けて探す――この過程に於いて映画自体もゆっくりと自らの最終形態を作り出しているのだ、と。

その宝は、時には近くにあり、時には最後の最後にようやく姿を現す。しかしいつ発掘されるにせよ、映画に嵌め込まれたその「宝物」は、その映画が最終的に世に出る時、観客の眼の中で、他に代わるもののなき「ハイライト」として燦然と輝く。

『緑の牢獄』の事例に於けるこの「宝物」とは当然、歴史に関する何かしらの「証拠」だ。その「証拠」は、私たち（と、歴史考証チーム）の調査の裏付けや手掛かりとなるようなある種の真実、信じるに足る証言や記述、ヒントかもしれないし、そして同時に「啓示性」を備えたターニングポイントでもあるのだ。それを得た瞬間に、新しい次元の窓が開いたかのように物事の見方ががらりと変わって、歴史のまったく新しい側面が見えるようになり、私たちが構築しているこの映画の世界観——作り手である私たちがどういう視点を持っているのかを観客に示すもの——にもこれまではなかった材料が提供されるような。

結局のところこの映画は、私が採取した橋間おばあの口述のみがベースとなっているため、中心となるのは橋間おばあの主観に基づく「個人の家族史」であり、このため映画を通して発信される主張——世界観——も、背景となる複雑で大きな歴史の全てをフォローするには弱い。このため私たちは状況証拠などを用いて側面からこれを支える必要がある。加えて膨大な資料に基づいた調査により歴史を掘り下げることで、私たちが「信じられる」証拠を、更にはおばあが敢（あ）えて口にしなかったことや、包み隠している本音をも探し当てなければならない。

この章では、『緑の牢獄』の撮影過程で私たちが掘り当てた、「宝物」の名にふさわしい幾つかのものを列挙する。

そして私にとって極めて大きなヒントとなった「とある瞬間」——極めて有意義であり、私がこの映画の仕上げを「再現ドラマ」という手法を用いて行うことへと踏み出すのを支えてくれた、「信念」と呼ぶべき重要な「証拠」でもある――が発掘されたまさにその瞬間を、最後に提示したい。

第一節　録音テープ

私の前に現れた第一の「証拠」――これまで解析されたことがなく、そして他にはない特別な意義を備えた「証拠」という意味で、三木先生の取材テープに勝るものはなかった。本書の中でも数回に亘ってその著作を引用させていただき、歴史調査の過程でも数年間に亘って大いにご協力いただいた沖縄の歴史研究者であり、ベテランのジャーナリストでもある三木健氏は、1976年から1982年に掛けて、「西表炭坑」に関する無数のオーラルヒストリーを採取し、このテーマに於いて最も重要視されるべき数冊の歴史書へとまとめた。中でも『聞書　西表炭坑』は貴重なインタビュー集であり、その中には何人かの重要な台湾関係者――橋間おばあの養父である楊添福、台湾人「斤先人」の陳蒼明、そして台湾人「納屋頭」だった林頭の息子である吉村林之助――が含まれている。「インタビュー相手がなぜ元『斤先人』だけだったのか？」という根本的な部分に関する私の疑問は別として、この三人からの取材内容も当然ながら相当に重要なものだ。

書籍に掲載されているインタビューと実際のインタビューとを照らし合わせることで、この取材が行われた当時の状況について私たちは更に多くを知りたかった。幸い、三木先生は当時『琉球新報』の文化部に所属する若手記者としてこの取材を行っていたため、これらの重要なオーラルヒストリーは全て録音されている。そしてこの録音テープで残っているものはどれも今や沖縄アーカイブ研究所の収蔵品となり、音声修復を経てデジタル音声ファイル化されていた。当時のインタビュー音声の全てが揃っている訳ではないが、それでもこれらの録音データは『緑の牢獄』にとって極めて重要な、最初の「宝物」となった。

私たちがまず行ったのは、楊添福に対するインタビューテープの解析だ。楊添福のしゃべり方は癖が強い。日本語には古い台湾訛りがあり、同時にその語彙にも昭和以前の古い言い回しが多く使われている。台湾語をしゃべっている部分でも、今ではもう滅多に使われないような古い語彙がたびたび登場する。話す内容自体も全体としてごちゃごちゃしていて言葉の意味が掴みにくかった。もちろん何を話しているのかは、インタビューのだいたいの方向ややり取りを通じて把握できる。それでもやはり更なる分析は必要だった。

インタビュー当時、楊添福はあまり日本語が流暢ではなかったようで、孫（橋間おばあの三男※）に日本語と台湾語の通訳をしてもらっている。そして三木先生は台湾語がわからないため、当然日本語に通訳された後の回答内容に従ってインタビューを進めることになる。訛りの強い日本語と台湾語が入り混じる状態で行われたインタビューの解析は、当然ながら容易ではなかった。

たとえば、台湾人坑夫がモルヒネの注射をしていたことについて楊添福が話す部分は、『聞書』では以下のように整理されて日本語になっている。

台湾から来る人は、ごろつきが多かった。ヤクザな人がいた。グチを言うとすぐケンカして警察ざたになった人もいる。派出所を設けて、炭坑の方でも取締りをしていたね。また坑夫たちのなかには、モーフィ（麻薬）をうつ人もいた。重労働なので会社が許可証を出して、モーフィの注射をうたしていた。つらい仕事をそれでごまかしていた。会社は多く働けば多くそれを与え、少ししか働かなければ、少ししか与えなかった。

モーフィをやらない人は、西表に働きに来ても、すぐに台湾に帰って行った。しかしモーフィをうつ人は、西表に永らくとどまっていた。また、そんな人はいったん西表を出ても、四、五年もするとモーフィ欲しさにまた戻って来た。

※子供たちの順番について、おばあの数え方は独特だった。

最初の子（名前、生年、性別不明）が4、5歳（恐らく数え年）の時点で病死した後、養母はこの初孫の服を眺めて毎日泣き暮らしていたという。それを見かねて、近隣の台湾人家庭「呉家」が、自分の家の末っ子をおばあの養子にしてはと提案、おばあ夫婦はその子（広島のにいにい）を養子に迎え、その子は以降、楊姓を名乗った（帰化後は別姓になる）。その後、昭和20年に改めて長男が生まれる。この長男のことは常に「長男」と言うのだが、その次の昭和26年生まれの次男については、養子を含めて三番目であるため「三番目の息子」と言っていた。昭和32年生まれの三男（三木先生が楊添福にインタビューした際、通訳を担当したのはこの人物）のこ

――「台湾人坑夫の生活　―元坑夫　楊添福さんの話―」、『聞書　西表炭坑』（三木健、1982）

そして当時のオリジナル音声データを詳細に聞くと、実際の会話は以下のようになっている（「三」が三木先生、「楊」が楊添福、「孫」が橋間おばあの三男――楊添福の孫を指す）。

楊：モーフィ。アヘンのモーフィ。モーフィ。
三：あー、麻薬。
孫：あー、今は麻薬ですね。
三：ほー。
楊：アヘンのあるでしょう。
孫：あー、麻薬ですね。
楊：この、これ刺す。
三：注射。
楊：注射でしょう。これモーフィでしょう。
三：あっ、モーフィと言うんですか。
楊：これ台湾ない。日本があるから。これ取る（入手する）絶対ない。啊（あれだよ）啊（あれ）、

とは、1970年代に広島のにいにいが亡くなり、本来の次男である「三番目の息子」が失踪してしまった後、おばあは「次男」と言うようになっていた。

捕まえってから、もうそとすぐ監獄入る（「そと」は「すぐ」の言い間違い）。
孫：麻薬で……
楊：また同じ来る。三年、五年帰るまた来る。
三：三、四年向こう帰って……
孫：だから、また帰るんですよ。それかまた三、四年たってまたやっぱり……麻薬ですか。
またこれを求めて、仕事をやめ……
楊：待不住，為了嗎啡只好再來（台湾語：台湾じゃ生きていけない。モルヒネのためにはまた来るしかない）。
三：麻薬を売っている人が随分いたということかな？　こっちで。
孫：那個モーフィ這裡有在賣的很多嗎？（台湾語：それってモルヒネはここならたくさん売ってるから？）
楊：いや、これね。許可。これあのー、これない仕事できんでしょ、政府、許可できる。
孫：やっぱり重労働ですからね。
楊：アヘンと同じ攏有（アヘンって昔あった）でしょう、アヘンの吸うでしょう。これを吸わんからね、かわす（切らす？）何も動かんでしょう。これー、えー、会社吸う。
孫：会社が……
楊：きょ、きょ、許可書。
孫：会社が許可書を出すんですね。

楊：許可書やる。

孫：やっぱり重労働ですから。体持たないもんですから、このー、だからこの麻薬で持たしてるんですよ。体を。言えば。

楊：那個無，不做工作，就死死的（台湾語：あれなしでは働かない。すぐに身体が怠（だる）くて仕事どころか身動きできなくなる）。これやらんと、絶対動かん。これできる。

三：会社が許可書を出して……

楊：えー、会社許可。

孫：ちゃんと政府からあれですよね。

楊：会社許可よ、会社売るよ。

孫：それやれば。

楊：一人一人いくら食べる。

三：会社が注射したんですか。

楊：ううん、会社の許可、会社の許可。會社的許可，嗎啡。啊無給伊就……。你賺較多，我就給你一屑仔。啊賺較少，我就給你減少，減到剩一屑仔，就再來皮皮挫（台湾語：会社がモルヒネを許可する。もしやらないと……。お前の稼ぎが多ければ少し多めに吸わせてやる。稼ぎが少なければ減らす。ギリギリまで減らしていくんだ。そうするとすぐにまたぶるぶる震えだす）。

孫：要するに、多く働く多く貰えて、少なく働くそれだけ。

三：麻薬を……。

このように、楊添福が台湾語で話している元々の音声を聞くと、三木先生が聞き取れていなかった情報がこのテープの中にはまだまだ残されていることがわかる。更に、台湾語を理解しないインタビュアーを前にして口にされた台湾語による言葉の中には、時としてよりいっそう露骨な真実が含まれている可能性が高い。

そしてこのテープにはそういった情報だけでなく、言葉以外から伝わってくる更に多くのものが含まれていた。この内容を愉快そうに話している楊添福の口調と笑い声に対して私たちは——画面なしの音声のみのテープ相手でありながら——一種の「恐怖」と言ってもいいようなものを初めて強く感じるに至ったのだ。またその印象は、三木先生の著作に於ける歴史観に対してS君が覚えていた疑念を裏付けるものでもあった。

三木先生はその著作の中で西表炭坑の歴史を黒歴史化し、全ての人を被害者として書くことで歴史反省論としたのではないか、そして幾つかのインタビューを不公平な形で歪曲し、歴史に対する告発にしているのではないかというのが、S君が以前から抱いていた疑念だ。

録音テープから得られる情報の分析に戻ろう。楊添福に告発の意図はあると感じられるだろうか？　歴史に対し、日本に残留する植民地台湾の人間として、自分たちの不満や恨み、悲しみを刻みつけようとする意図はそこに感じられるだろうか？　楊添福の態度はどうだ？　『琉球新報』の若い記者と、その膨大な好奇心を前にしたこの状況下——戦前の炭坑に於ける山あり谷ありの歴史全ては既に数十年の昔になってしまっている——で、年老いた楊添福はそれに対しどういった態度で臨みどういった表現方法で答えることを選んでいるだろうか？

私たちがこのインタビューから感じ取った一番強烈な印象、それは「薄っぺらさ」という言葉で言い表せる。どこか他人事のようで緊迫感がないのだ。自分が身をもって歩んできた過去を、時代のせい、仕方なかった、で片付けてしまっている。歴史の霧を払おうとしている私たち、期待に満ちてこのインタビュー相手に向かい合っている目撃者がまず出くわしたのは、坑夫やゴロツキに対する軽蔑を帯びたせせら笑いという予想外のものだった。

だがそれをせせら笑いだというのは、もしかしたら単なる私自身の勝手な印象に過ぎないかもしれない。

つまるところ１９８０年当時に三木先生が行ったのは、目の前に提供された様々な情報を歴史的価値という基準の秤で計測し、一つの重要な情報源と位置付ける行為だ。三木先生は、クローズアップするべき価値のある宝を見つけたかのような態度で、それを行った。そして台湾人炭坑でモルヒネ注射が行われていたという重要な事実の詳細と台湾人坑夫のグループ内の状況とを提供した情報源が、在留台湾人の元炭坑関係者である楊添福であることも確かなのだ。

私は単にそこで採取された楊添福の口調を気にし過ぎているだけだ。おばあと討論した様々な事情を元に私がイメージしていた「養父」。限りなくリアルな音声としてその養父が甦った今、その実態が私の想像とは違っていたというだけのことに違いない。

続けて私たちは陳蒼明のインタビュー（過去に起こった幽霊事件や謝景炭坑に於ける黒社会のような光景について、誠実かつ穏やかな口調で、インタビュアーに対し説明している）、そして吉村林之助のインタビュー（インテリ階層ならではの流暢な日本語に加え、驚異的な記憶力と分析力で自分の家族史を理性的に説明している）に耳を傾けた。そして感じたのは、この「台湾人坑夫」という領域には三木先生がいまだに深くは分け入っていないということ、私たち自身もこの領域に於いては、分析の原点となる部分へと改めて戻る必要が確実にあるのだということだった。

私たちが戻るべき原点とは、つまるところ、「斤先人」と一般の坑夫——本当の台湾人坑夫——とにはどれほどの違いがあるのか、という疑問だ。簡単に言えばこれは、雇用者とスタッフのような絶対的な上下関係であり、互いの立場を代弁したり説明したり、単純に同一視したりすることは不可能な関係だ。この三人は三木先生の本の中で、植民地の炭坑夫のために代弁することが可能な人物として書かれている。しかしこの三人は果たしてどれだけの坑夫を代表することができるのだろうか？　彼らが代表できるのはあくまでも彼ら自身の情報だけなのではないか？

80年代の録音テープが露わにした稀少な「肉声」は、だがむしろ歴史の真の姿を私たちからは見えづらいものにしてしまった。S君はこの録音テープを題材にして、ジャーナリストが持つ権力と、ジャーナリストによって書かれた「真実」について話し合いたいと思っていたが、私は、三木先生には現実を混乱させようというような意図はなかっただろうと——そして80年代という空気の下、この歴史は告発され暴かれるべきだったのだろうと感じていた。ジャーナリズム的な正義感が、歴史資料としての細部よりも勝った、これはそういう事態なのだ。

ならば私たちは原点となる史料そのものへと戻り、このテープの中で耳にできた他の情報、語り手の子孫である橋間おばあたちから聞いた様々な物語を元に、このインタビューでの「本当の台湾人坑夫たちの欠席」がいったい何を意味しているのかを想像しよう。

陳蒼明は悪名高い謝景炭坑について、謝景本人は戦後に台湾へ帰国して上陸するや否やこれまでの報復として刺殺されたこと、その妻は殺された坑夫の悪霊に取りつかれて自殺したことをはっきりと語っている。それらの炭坑主にとって戦争とは、それまでの「時代」を強制的に終わらせるものだった。ならば炭坑主や斤先人である彼らが八重山に留まり台湾へ帰らなかったことも、当然一つの自然な選択に過ぎない。

録音テープの中、これらの「八重山に残った台湾人」が語っている悪事の大半はどれも、「別の斤先人による台湾人組」で起こった出来事だ。それはまるで、今話したようなひどい事態は全部よそから聞いた話で、自分たちの炭坑ではそんなことは起こっていない、と宣言しているようで、聞く者に疑念を抱かせる。若い記者だった三木先生にこれらの元斤先人が向かい合った時、時代は既に本土復帰後で、彼らは日本国籍や永住権も手に入れた後だった。その状況下でもまだ何か、語ることを彼らに憚らせるような、そんな理由が彼らにはあったのだろうか？

ならば私たちも立場を逆転させて考えなければならない。私たちがしきりに追い求めているのは、台湾人坑夫が歴史の中で果たした役割だ。坑夫たちの代表としてこれを訴え、発言し、証拠を残せるような「誰か」はいるのだろうか？　騙されて西表炭坑へやってきた挙げ句、島で壮絶な体験をしたあの内地出身の少年炭坑夫のように。逃げ延び、そして生き延びた後、衝撃的な証言を残した大井兼雄さんのように。

いないのだ。

台湾人坑夫は口を噤んでいる。彼ら自身が沈黙を選んだのか、それとも沈黙を選ばされたのかに関わりなく。そして台湾人斤先人たちが残した言葉の中から私たちが見い出すのは、ある種の階級制度による社会の雛形だ。もしかすると斤先人たちの立場とは「フランチャイズで複数の店舗を経営しているコンビニオーナー」のようなものであり、一般の坑夫――そのコンビニで実際に働くスタッフ（雇われ店長も含む）――とはまったく異なる身分であって、それゆえに坑夫の代弁者となるにはまったく適していなかったのではないだろうか。

孫：どうして台湾人の方が日本人に比べて稼ぎがいいの？（以上、台湾語）

楊：なんで多く稼げるかって、そりゃ、ここじゃ稼げないだの、来ることはできるけど戻るのはできないって噂があるんだよ。そんなこと言ったら誰が来ようとする？　別の台湾人の組の話だよ、来たら戻れないって言うのは。それは借金背負ってるから帰れないんだよ。だからうちの会社の所長が私のところに来て頼むんだ。「台湾人が来たがるよう、ちゃんとやってくれ。台湾人が来ないと私だって仕事が続かないんだから」って。（斤先人になる時に会社と交わした）契約にはそういう風に書いてあるんだよ。旅費と船賃も出した。一部の坑夫はそれでもなんでだかまだ嫌がるんだ。さっぱり訳がわからないよ。台湾人使った方が炭坑は儲かるよ。仕事ができるし真面目に働くから。（中略）じきにモルヒネ中毒になっちゃうけど……（以上、台湾語）

ここまで考えると、三木先生のこの録音テープが私たちにもたらしたのは、彼らの稀少な「肉声」だけでなく、いまだに解析されていなかった台湾語によるオーラルヒストリーという資料だけでもないのだとわかる。更にもう一つ、「斤先人」という身分の人々の立場と、彼らの物の見方に対する想像を、このテープは私たちにもたらしたのだ。そして私たちはそこを起点にして、この映画の歴史観を築き上げなければならない。誰の視点から物事を見て、どこを探しているのか、全体の脈絡も含めて、ますますはっきりと一目瞭然になるようにしなければならない。

これは『緑の牢獄』の撮影過程で私たちが初めて出会った「宝物」だった。

第二節　アジアはひとつ

幾つかの発言、幾つかの何気ない瞬間、そういったものが、意識的に日常を切り取った「とある撮影」の中で記録される。これは私が第四章の「来訪者とその足跡」で一瞬の目撃者について述べたことだ。そしてそこでは、私たちが探していた人や物事を偶然に捉えていた「宝物」を、私たちが発見したことにも触れた。

手探り状態と言っていい中、私はラッキーだったと言えるだろう。楊添福本人の姿を直接捉えた記録映像という、予想だにしていなかった映像に出会えたのだから。

日本の伝説の映画集団と呼ばれるNDU（日本ドキュメンタリストユニオン）は1970年代に、琉球列島から台湾、そして東南アジアまでを舞台にした一連の先鋭的なドキュメンタリー映画のシリーズ――時代の記録のようでもあり、彼らの政治的主張が込められているという点では学生運動の一環のようでもある――を、沖縄を拠点として完成させた。特に復帰前の沖縄に密航という方法で入り撮影した作品『アジアはひとつ』（1973年）は、米軍政府統治下の沖縄で国境を流浪していた様々な「民族」の本土復帰前後に於ける姿を正面から捉えている。

この映画のラストシーンは、沖縄から至近距離にある台湾で撮影された。70年代の台北と、その近郊の原住民の村は、まるでアメリカと中華民国との友好の——そしてじきに崩壊するその繋がりの——前哨基地であるかのようだ。作品の視点自体はどこか軽薄なエキゾチズムとオリエンタリズムに基づいたものだが、それでもこの映画自体が帯びている70年代特有の輝きは、まったく損なわれていない。

調査中に「先島列島」や「台湾」といったキーワードに触れ、この映画には相当興味が湧いていたため、私とカメラマンの駿吾の二人は遠く神戸映画資料館まで赴き、この映画のＶＨＳビデオを書庫から出してもらって資料室のデッキで鑑賞した。沖縄本島、石垣島、西表島に与那国島、更に台湾まで島々を転々として人々を写しているこの映画の中に、まさか楊添福の姿が現れようとは！

国境や辺境、そして他民族に対して敏感で、なお且つ政治的色彩の濃いＮＤＵは、辺境で暮らし日本国籍を持っていない民、特に日本の事情に巻き込まれた戦前の植民地の民としての感情を持つ楊添福に対し、文化の記録者として食指が動いたに違いない。映画の中、楊添福はスカウトされて西表島にやってきた身の上から子供たちの行く末に対する心配まで臆することなく語り、そして自分たちの「身分」のことに怒りを覚え、愚痴を言っている。——これこそが楊添福の本当に訴えたかったことなのだろうか？

日本国籍を得る術はなく、米軍政府からも無国籍者として扱われ、大半の「八重山の台湾人」と同じく子供は内地の大学に行く術もなく、差別され、忘れ去られる。たとえありふれた「訴え」であっても、その原因がそもそも自発的に八重山へと戻ってきた自分にあることは、楊添福もわかっていただろう。ならばこれは時代に対しての単なる恨み言に過ぎない。これだけの年月が経ってしまえば全ては心の内に於いてさえ遠い過去と化してしまい、生々しい痛みなどはもはやなく、穏やかで自嘲的な口調以外に、残るものは何もなかったのかもしれない。

戦争済んでる時、坑夫ね、もう台湾帰った。私帰るできんでしょ、帰る何もならん。家もない、何もない、親戚もないよ台湾何もない。35年のよ、35年経てよ、家も何もないよ。帰れない、だから留まるだけ。

——『アジアはひとつ』楊添福インタビュー（NDU、1973年）

楊添福の姿と声は生き生きとしていた。橋間おばあが語っていた「養父」の全てが、この1972年の映像の中にあり、その考えの全てと、世界に対する恨み言の全てを活力に満ちた姿でしゃべっている。この16ミリフィルムの映像と音声は少しずれていたため、これは修復前の状態なのではないかと私は疑い始めた。更にNDUの撮影法と編集方式についても疑念を抱き始めた。編集前の映像、完全にオリジナルな状態のフィルムの中になら、より実態に即した楊添福の姿が映し出されているのだろうか？

私たちはＮＤＵの発足当初のメンバーのうち、今もなおドキュメンタリーを作り続けている唯一の存命者であり、ＮＤＵ作品の現在の版権管理者にもなっている井上修先生に連絡を取った。その後、私たちは幾度も東京の井上先生をお訪ねして、映画やその理念、ドキュメンタリー撮影者の信念といった数多くの議題について話し合い、井上先生は私が非常に尊敬する大先輩となった。

『緑の牢獄』はＮＤＵの素材なしでは成立しないと言って過言ではない。内容だけの問題ではなく、この素材はその時代の目撃者の目を通して捉えられた光景であり、私たちがこの映画を生み出すにあたって必須の要素――１９３７年から１９４５年の戦前の記憶と２０１４年から２０１８年に掛けての現在という二つの時空の間を繋ぐ、１９７０年代の復帰前後に於ける時代の欠片だった。

『緑の牢獄』の中に含まれる時間の範囲を拡大することで、楊添福と彼が過ごしてきた時代、そしてそれと同じ時代の中に静かに存在していた橋間おばあとが、水と油のように反発してしまうことなく自然な連続性を持つ。表面的な変化はあっても本質的には不変のものである彼らの命の歴史を、ゆっくりと流れる長い時の河の中で私たちは繋ぎ合わせることができるようになるのだ。

NDUに於ける井上先生の役割はカメラマンのようなものだったらしい。監督とリーダー役だった布川徹郎氏は既に数年前に亡くなっている。

NDUは映画を撮影するだけでなく、完成作品の配給と宣伝も自分たちで行う団体だった。しかしその運営形態は、会社というよりはもっと前衛的なものだったようだ。時代は70年代――安田講堂事件辺りの、学生運動華やかなりし頃であり、哲学的思考と、行動によるその実践とは密接に結びついていた。行動する者は即ち思想する者であり、思想する者は即ち抗争する者だった。

NDUのドキュメンタリーも、同様の哲学と結びついており、若かったメンバーたちが映画の撮影後に半年掛けて、日本全国で巡回上映と講演を行っていた理由もそこにある。

またNDUは沖縄を、彼らの持つ思想にとっての足場の一つとしていて、これは私たちムーリンプロダクションが沖縄を拠点に選んだのと、本質的に似ているところがあった。このため私はいつも夢中になって井上先生の語る当時の話に耳を傾けた。もしこの先50年以上経った後に、誰かドキュメンタリーの作り手が私を訪ねて来て、私が以前撮影した映画に何気なく記録されていた人や物事について私と議論するとしたら、私はどのような感慨を抱くのだろうか？

当時カメラで撮った一連の写真を井上先生は提供してくださった。『アジアはひとつ』の撮影で島々を転々と移動する旅の中、西表島で撮影された写真の中には楊添福の姿が鮮明に写っている。この一対の老夫婦（おばあの養父母）は、二番川にあった彼らの畑の中の小屋に住んでいて、かわいい子犬と、他にあひるとガチョウの群れも一緒だ。戦前の炭坑に於ける「斤先人」のイメージはどこへやら、楊添福夫妻はまったく普通の農家の老夫婦に、それどころか「かわいいお年寄り」にすら見える。おばあが話していた、晩年はずっと農業をしていた養父母の姿、そのものだ。

楊添福の印象、あるいは西表炭坑の印象を私たちは井上先生に訊ねてみた。人生経験に裏打ちされた井上先生の意見は鋭かった。「以前、男にとって炭坑行きというのは遠洋漁業に行くのと同じでした。借金があってもうにっちもさっちもいかない、現実の世界から逃げ出したい、そういう人が皆、炭坑か遠洋漁業に駆け込むんです。女性だったら売春です。あれだって大半は他に道のない人ですよ」。この言葉は記録と証言の中にたびたび出てきた「ゴロツキ」という単語と、期せずして同じ方向を——炭坑の全体的な性質と印象を——指していた。

このように炭坑で働く人たちは気質が荒いので、とかく

仲良川流域の開拓地での養母「江氏鄙（こうし・ひ）」（1973年、井上修先生提供）
※おばあと同じ江姓だが、台湾では血族結婚は忌避されたため、両者が近しい親戚関係だった可能性はない

地元の人たちとの間にトラブルが絶えなかった。（中略）炭鉱（ママ）の連中は、みなふところにドスを持っている。ほんとにみな持っているんです、ドスを。

——「大正期の西表炭坑　—山田惣一郎さんの話—」、『民衆史を掘る　西表炭坑紀行』（三木健、1983年）

台湾人坑夫はたくさんいました。こわいぐらいでした。炭坑の青年たちも、夜出歩くときには短刀をふところに入れて、持ち歩いていました。炭坑の人は気が荒いので、いつ襲われるもわからんというんでね。うちの兄なども、かすりの帯のところにドスを入れていきました。

——「昭和の炭坑暴動　—元白浜村住民　仲原邦子さんの話—」、『聞書　西表炭坑』（三木健、1982年）

私たちが「善」と「悪」、「加害者」と「被害者」という言葉を使ってその時代の歴史下に於ける役割と立場を扱い、なお且つ自分たちが現代人の眼差しを用いて歴史を見つめているのだということを忘れてしまう時、そこには偏見が生まれる可能性が高い。そしてそれは、ドキュメンタリーの作り手が担う使命と、実際に作成されたドキュメンタリー映像そのものが持つ力にもある程度関わってくる問題だと私は思う。その時代に至るまでの経緯にも入り込んで思考しようと試みることで、私たちはようやくその時代を本当に理解することができるのだ。

大好きなドキュメンタリー映画を私は思い出した。アメリカのジョシュア・オッペンハイマー監督が、インドネシアで起こった大虐殺事件を題材にして撮影した『アクト・オブ・キリング』（２０１２年）と『ルック・オブ・サイレンス』（２０１４年）の二作だ。歴史的事件が起こった当時とその後の時代との差異をあの作品のように直視し、証言者の心の内を真っ向から貫けば、善と悪とは曖昧なものになる。そして観客は起こった出来事を見て見ぬふりでやり過ごすことはできなくなる反面、それを善悪で裁くこともできなくなる。

ＮＤＵにも三木先生と同様の、探究精神が備わっている。「西表炭坑」の痕跡を辿るその道は、西表島の楊添福から石垣島の老人ホーム「厚生園」に暮らす元坑夫へと到り（『アジアはひとつ』には厚生園での大井兼雄さんへのインタビューも含まれている）、ここで耳にした手掛かりを追って、最終的に一行は基隆へと——西表炭坑のあの伝説的悪役である謝景の故郷へと赴いたのだ。

井上先生は一枚の地図を描き、基隆港と謝景の家との位置関係を描き出してくださった。五十年以上前の記憶は、今なお先生の中で鮮やかだった。先生たちは基隆港付近に住んでいた謝景の子孫を訪ね、医師になっていた謝景の次男、謝金福へのインタビューを撮影するのに成功した。しかしそのインタビュー内容はことごとく、意味があるようなないような、そして信じていいのかどうかも疑わしいものばかりだ。井上先生いわく、謝医師は日本語を話すものの、口を開けばでたらめばかりで、何を信じていいやらわからないような状態だったらしい。

わたくしの名は謝金福といいます。一般には、ドクター謝（シェ）と呼ばれてます。

わたくしの生まれ故郷である西表島については、まずわたくしの父の歴史が、西表島の歴史になる、と、もう言えるぐらいに。父は西表島に45年も鉱業に従事しておりまして。謝景の末っ子で、金福と、きんちゃんと、私のことときんちゃんと呼んで、きんちゃんと言えば謝景、謝景と言えばきんちゃん、きんちゃんと言えば西表！　西表と言えばきんちゃん、謝景とこういう風に非常に人気者でね。

僕の父の下には、日本人が主でね。掘りっ子はもうみんな日本人、それから沖縄人、台湾人、大陸人どももおったよ。台湾の坑夫がね。だから、僕の父がね、もう一人で、あそこはもう、王様だ。琉球王っていうのはね、親父のこと言うって、ははは。

ただ、西表島の一つの悲しい面があるのでありまする。それは、台湾人がマラリアにかかった訳です。あるときは、250人の坑夫が一日で死んじゃった。問題が出てきましたのは、モルヒネであります。このモルヒネが、打つと、一時は健康を取り戻すようになる。そうすると今度、モルヒネが消えた場合に、ああ、見られたもんじゃない。それで、父が自分で薬局行って、モルヒネをもらってきて、これを坑夫へ分配してやった訳です。決して私の父が注射針でもって、その台湾人を沖縄へ連れてきて、モルヒネを注射して、仕事を脅迫した訳じゃない。

――『アジアはひとつ』謝金福インタビュー（NDU、1973年）

奇妙な対話、史実と明らかに食い違っている「証言」。これは後の世代の人間が、前の世代の人間と出会う時に起こり得る様々な出来事の一つだ。1970年代に於けるドキュメンタリストより更にまた一世代後の存在である私は、当然ながら謝景の子孫を探し当てることはできなかった（基隆港一帯で、幾つかの調査をしたことはしたのだが）。

『アジアはひとつ』の制作意図は、沖縄から台湾まで、かつての大日本帝国の辺境を一つに繋ぎ合わせ、そこに残る大日本帝国の負の遺産を可視化することにある。その目的から導き出された台湾でのエンディングは、極めてロマンティックで、同時に極めて政治的なものだ。

しかし謝金福のこのエピソードを思うに、その挑戦は一種の徒労にしかなっていないのではないだろうか。井上先生のカメラに捉えられた70年代の基隆と原住民の村の風景の中、NDUが本来撮りたかったのだろう「大日本帝国の影」は、あのような保守的で閉鎖的な全体主義下の「中華民國」に於いては、もはや辛うじて見て取れる残り香にしか過ぎないのだ。その試みが成果を得るには時代の隔たりが大きすぎる、そのことは挑戦する前からNDUにもわかっていたはずだ。

にもかかわらず、徒労になることがある意味最初から定まっている旅を敢行した彼らは、日本に対し如何なるメッセージを発したかったのだろうか。

『アジアはひとつ』と井上先生が撮った写真、そして数回に亘る先生との対談は、一セットで

『緑の牢獄』の必要不可欠な「宝物」になっている。その意義は、楊添福の生きて動いている姿と貴重なインタビューが収録されているということだけではなく、1972年の本土復帰という重要なタイミングが示されているということだけでもない。この「宝物」の意義とは、それが収録されたタイミングが、楊家の人々、あるいは「八重山の台湾人」全てがまさに「日本人」になる、その前夜に当たる時刻だったということを暗示している点にあるのだ。

この宝物が私に指摘したのは、まずはレッテルを剝がせ、ということだと私は思っている。現代の価値観によって勝手に二分されてしまった立場、それをフラットなものに戻してやった後で、それぞれの時代に於ける当時の「現状」を観察し、再び全体の分析を進めてやる。対象とするものが個人の記憶であれ集団の記憶であれ、あるいはもっと膨大な歴史的事実であれ、それが起こった当時へと一旦戻り、把握できる中間点を全て繋げて一人の人間の人生に於けるタイムラインにするのだ。こういった作業を行う度に私たちは自然と、おばあや楊添福、西表炭坑にいた他の台湾人たちのことを更に深く理解できるようになっていく。

『緑の牢獄』の撮影過程で出会った第二の「宝物」であるアーカイブ映像。これは編集の段階で、『緑の牢獄』の最も要となる部分に嵌め込まれた。簡単に言うと、この映像が父と娘の親密な会話のような役割を果たしてくれたおかげで、おばあが父に対して抱いていた複雑なコンプレックスが浮き彫りになったのだ。そしてそれだけでなくこの映像は歴史資料としても、ドキュメンタリーの作り手が歴史を理解するにあたってどのような手段でそれを分析すべきかのヒントとなる啓蒙的な意義を大いに備えた存在だった。

第三節　残された記録

　この後、新たな「宝物」の出現は長期に亘って起こらなかった。『緑の牢獄』で何を主張したいのか、そして歴史観をどう設定するかは既にだいたいの方向が定まっていたが、実際の撮影と進捗状況は膠着状態に陥っていた。

　これは私たちが「再現ドラマ」という方法で過去の出来事を表現したいと考えたせいだ。2018年に私たちはこの工程に着手したが、第一の理由として、劇映画撮影の経験がない私たちがそのための出資を募るのは相当に困難であり計画は遅々として進まなかった。そして第二の理由は、心理的なものだった。私たちが構築中な歴史観を支えられるだけのもっと明確な「証拠」を、私自身が明らかに必要としていたのだ。

　そして私たちが亀のような速度で制作を進めていたまさにその時、二つの極めて小さな「証拠」が深海から海面へと浮かび上がってきた。これは私が時々口にすることだが、ドキュメンタリー映画の制作に年単位の時間が掛かっている時、費やされたその時間の中には様々な偶然、そして制作中の映画との出会いを運命づけられた事件、この二つが潜んでいる。

第一の「証拠」をもたらしてくれたのは、國立中興大學の教授、台灣文學與跨國文化研究所の朱恵足《チュー・フェイヅゥ》（しゅ・けいそく）先生だった。朱教授は沖縄文学と文化の研究で台湾の学界に広くその名を知られている。

実際のところ、台湾に記録や資料が残っている可能性については、この数年間で私はほぼ絶望するに至っていた。インタビューについての資料を所持している可能性の高い幾人かの教授と機構を訪問した後、「台湾にはもう何も残ってはいない」という残酷な事実を私はだいたい受け入れていた。

特に私が大きな期待を抱いていたのは、1993年に台湾の国立アカデミーである中央研究院が主催した「台灣南島語族與周邊地區的類緣關係（台湾のオーストロネシア語族と周辺地区との類縁関係）」というテーマの研究計画に対してだ。この計画の中では一部の学者によって、台湾から最も近い八重山諸島に於いてもフィールドワークが行われた。そしてその一環として、漢族文化を研究している許嘉明《シュイ・ヂアミン》教授が西表島に楊添福を訪ね、台湾語によるインタビューを行っていたのだ。しかし許教授は結局この時の調査結果を論文にまとめたり発表したりしてはいない。せめて当時の資料が残ってはいないかと中研院を通して四方八方探してはみたものの、残念ながら既に時間が経ち過ぎていて、インタビューの録音テープを含め全てが行方不明になっていた。

さて、朱教授の資料へと戻ろう。実は彼女も2002年に「八重山の台湾人」についてのフィールドワークを行った際、DVテープで記録ビデオを撮っていたのだ。当時、朱教授はある程度の期間に亘って八重山に滞在し、研究を進めていた。
映像の中、74歳だった橋間おばあは随分若く見える。朱教授たちの一行を親切に墓地へと案内し、また家の中でもいつものあの場所に座って、数回のインタビューに応じている。

このインタビューの中でおばあが披露している物事の見方は、私が長らく耳にしてきたものとは若干異なる雰囲気を伴っていて、そのことに私は驚かされた。二十年の時を経て、同じ人物を相手に同じことをインタビューした場合、前回とは違う回答と意見が得られるというケースは時々ある。またインタビュアーが変わったり、記録する側との関係（長期的取材なのか、あるいは短時間の一度だけのものなのか）によっても、インタビュー結果は大きく左右される。76歳のおばあと、90歳近かったおばあとでは、違いが出るのも当然だろう。

長いこと来てれば、お金稼いだら帰りたくなる、女房の顔見たい、子供や親に会いたいって。それは当たり前よ。でも何人かは、私ら台湾人の言うゴロツキとかヤクザみたいなのが来てる。今日は腹痛い、明日は頭痛くて仕事できないとかって言って、でも食うものは食うから、借金が増える。そしたら今度は嘘を吐く。父親が病気したから台湾に帰らなきゃとか、母親が病気だとか、女房がどうしただとかって。帰ろうにもお金がないのにどうやって帰るか。だから、うちが貸す。貸さなきゃ船の切符も買えやしないよ。いつもこんなだからうちはずっと赤字。

――橋間良子インタビュー（朱恵足、２００２）

炭坑と楊添福についておばあが私に語った時のことを私は思い出した。亡き養父のことを口にする時、どこか彼を弁護しているようになるおばあの態度は、朱教授のインタビューからこれだけ時間が経ってもまったく変わっていない。

しかし、坑夫がゴロツキのようで、怠けて仕事をしない。仮病を使うから管理しにくい、と話すおばあの露骨に「愚痴」じみた口調は、１９８０年に三木先生が楊添福を訪ねた時のインタビューで出てきた、楊添福による「坑夫への愚痴」とまったく同じように聞こえた。坑夫に対しおばあがこの手の「不満」を露わにするのを聞いたのは、これが初めてだった。「斤先人」としての養父の立場に立てばこれらのゴロツキ坑夫は実に管理しにくく、また災いの種でもあっただろう。

思うにこれは東南アジアからの出稼ぎ労働者を台湾に派遣する「仲介業者」の立場に似てはいないだろうか？　二つの国と言語の間に挟まれ、多くの責任と危険を担っている。そして彼らの話す内容と行為とは最終的に彼らを「どちら側にも所属しない人」にしてしまう。炭坑内部のことをあまり話したがらない、そういう時がおばあにはあった。それら「内部のこと」を、当時の記憶の中だけで終わらせてしまいたいとも思っていたに違いない。そしてそれらの出来事は実際に言葉となって口から出てきてみると、あまり耳に心地いいものではなかった。

フィールドワークを記録した朱教授のDVテープに刻まれていたこの「耳に心地よくない話」は、最終的に私の手で、『緑の牢獄』の中の、歴史に関するインタビューを集めてある、かなり重要な部分へと嵌め込まれた。また朱教授たちの一行が墓地に向かって白浜集落を歩いていく映像——場所も人物もよく見知っているものなのに、20年近くの時間軸の差が明らかで、ひどく人をセンチメンタルな気分にさせるこの映像——も、私は『緑の牢獄』のオープニングシーンに用いることにしたのだった。

さて、浮かび上がってきた二個目の「証拠」、それは一つの新聞記事だ。

「台湾人のマイト事件」
本籍、台湾台北州新荘郡新荘街三五八、現住所 石垣町字大川二〇九 無職張昆生（十八）は東洋産業西表鉱業所、謝景坑採炭夫、楊樹（二三）及び採炭夫、江丙南（二二）より六月廿八日より七月一日迄の他に四回にわたり、ダイナマイト七十本、雷管六十一本及び導火線を七十円で密買し普通荷物の如く装い七月二日午前七時半ごろ西表出帆の宮古丸三等室に積み石垣港へ運搬密売を企てたが発覚し、八重山署に検挙され厳重取調べ中であったが一件書類は近く送検されることになっている。

——昭和16年（1941年）7月23日、『海南時報』
（『西表炭坑史料集成』より抜粋）

私たちの歴史考証チームは「西表炭坑」の歴史資料にちらほらと含まれている様々な新聞記事から文字を洗い出す中で、この昭和16年（1941年）の記事を、そしてそこに現れた意外な名前——おばあの夫にして楊添福の息子である、楊樹（よう・じゅ）の名前——を発見したのだ。

楊樹の年齢を計算してみよう。大正8年（1919年）生まれの楊樹は、昭和16年当時は確かに22歳（数えなら23歳）だ。「東洋産業西表鉱業所」も、楊添福が所属していた「南海炭鉱」が後に合併されて「東洋産業」の名になっていたことは確かだ。これが人違いということは、十中八九あり得ない。

これは驚くべき事態だった。おばあの口から楊樹のことが出てくることは滅多にない。私が知っているのはどれも些細なことだ。戦後はヤブ医者として人々の歯を見てやっていただとか、頭脳明晰で一から十を知るタイプだったとかの情報ばかりで、どれも「だいそれた悪事など働かない」善良なイメージでしかない。戦前の楊樹は私の知る限りでは父親の楊添福とは違い、自分も炭坑に入って採炭の仕事をしていたはずだ。他の坑夫との付き合いもよく、いつも「牌桌の主」状態で仲良く博打に耽（ふけ）っていた。

この新聞記事へと戻ろう。この記事が私たちに与えられるヒントと推測とはどのようなものだろうか？　楊樹は他の坑夫とグルになって、密貿易を行ったのだろうか？　それは彼ら自身が商売をしたかったのか、それとも何か他の目的のための行動だったのだろうか？　楊樹はそういった行動力を備えた人物だったのだろうか？

「火薬」の密貿易に対しては、私も多少の知識がある。炭鉱業とは「爆薬」を合法的に購入できる業種の一つだ。一般人には入手が不可能な産業爆薬、導火線と雷管――はどれも炭坑に於いては開削や坑道掘削のための日常的な工具だった。そして八重山現地の住民は、漁業で生計を立てている者が多い。戦前から戦後に掛けての一時期、小型の火薬を海に投げ入れて爆発させ、水中に衝撃波を生じさせて、昏倒している魚の群れを一網打尽にするというダイナマイト漁が流行した。現地の人はこれを「ハッパ」（発破。ただし現地ではめったに漢字表記はしない）と呼んでいる。そしてこの濡れ手で粟な漁法に必要な火薬は、西表炭坑を通して闇市場へと流入していた。

もし楊樹たちが単に「日常的」に火薬を石垣島の漁民もしくはバイヤーに横流ししていたと、そしてそれがその時代の流行の下で行われたことだったと、そう私たちが仮定するなら、その行為はただの日常茶飯事であり、八重山警察署が「厳重に取り締まる」ほどのことではないはずだ。そして、その「日常茶飯事」が八重山警察署によって「厳重に取り締まられ」るほどに重要視されたというのなら、それは明らかにとても奇妙なことでもある。その「厳重な取り締まり」がなぜ必要だったのかを理解するためには、当時の時代の空気の中へと分け入らなければならない。

更にこの記事の中の別な疑問点に戻ろう。楊樹の肩書には「東洋産業」以外にもう一つ、なんと「謝景坑採炭夫」という言葉が含まれている。周知の通り謝景炭坑は、しばしば記事に登場するが、それはどれも、誰かが首を吊って自殺しただの、誰かが殴り殺されただのといったろくでもない情報ばかりだ。それなのに楊樹と謝景坑にはまさか関係があったのだろうか？

後日、歴史考証チームのS君は、我慢できず直接、橋間おばあに訊ねてみた。この時に得られたのも、やはり意外な反応だった。

S君：謝景さんとおじいさんは知り合い？　友達？
橋間良子：友達じゃない！　炭坑に来てから友達さ。昔、あの謝景という人も、あんまり仲良くないよ。（人を殴るジェスチャー）同じ国境の人にもすぐ（人を殴るジェスチャー）……モルヒネというあるんだろう、昔から。これを刺したら、もうこれ時間が来たらよ、震えるさ。すぐ殴るよ。（人を殴るジェスチャー）うち、殴られたのを見た。

おばあは自分がモルヒネを注射した体験について驚くほど細かく述べただけでなく、「人が殴られている」といった謝景坑内部の光景までも語ったのだ。おばあは謝景坑に行ったことがあるのだろうか？　楊家と悪名高い謝景坑とには、いったいどのような仕事上の付き合いがあったのだろうか？

楊家と謝景との実際の関係、それは恐らく私たちが僅かな言葉だけでその記憶の奥へと潜り込めるようなものではないのだ。楊樹が謝景坑の採炭夫として新聞記事に書かれたこと、そして「謝景」という二文字に対しておばあが激しい反応を見せたことに至っては、どちらもまた別の未解決な謎だった。

そしてこのささやかな新聞記事が、ずっしりと重い石のように私たちの心の奥へと投げ込まれたのは確かだった。私たちの目に見えるのは表面だけで、その下にはもっと多くの権力が働いていることを、この記事は私たちに伝えていた。黒社会さながらの炭坑の組織体制の中では、楊家のような一般的管理者の立場であろうが、実際に働く台湾人坑夫であろうが、それどころか炭坑内の社会そのものがまるごと全部、露骨な利害関係に組み込まれていた。

楊添福のインタビューでは、坑夫の管理のため、たびたび警察に出動を請うていたことが語られている。両者が持ちつ持たれつの関係なら、なぜその息子の楊樹による火薬の横流しというささやかな罪は、警察によって厳重に取り締まられ、あまつさえ新聞記事にまでならなければならなかったのか。警察と炭坑との関係からこの疑問を理解するには、恐らくまだヒントが足りない。私たちには把握できていない事件の構造が、ここにはまだ幾つかあるのだろう。

この二つの小さな「証拠」は、第一節と二節で書いた「宝物」ほど素晴らしいものではない。それでも『緑の牢獄』の制作も後半に入った段階に於いて、この二つのささやかな記憶の欠片は、私の想像をある程度支える役に立ってくれた。記憶とはそもそも不完全なものだ。私とおばあとの対話に於いても、おばあが口にする養父や夫の姿、更にはこの映画の参考にしたいと思っている「西表炭坑」内の台湾人の姿さえも、それら全ては完全無欠な情報であるはずがないのだ。そしてそのバラバラなパズルのピースを拾い集めて繋ぎ合わせ、そこに本来描かれてた景色を見ようと試みること、私たちの仕事とはそれだ。

その後も私たちは、「再現ドラマ」の完成度を更に上げるため、まだ漠然としているビジュアルイメージを固めようと裏付け作業を続けていた。そして映画『緑の牢獄』全体の根本的な歴史観をどう設定するかが定まった段階で、この楊樹の新聞記事の件はちょっとした力を発揮した。私たちはこの、台湾人坑夫三人の行動を元に架空の物語を想像し、その物語は『緑の牢獄』から派生した別の短編映画『草原の焔』として、『緑の牢獄』の再現ドラマ部分と一緒に撮影されたのだった。これもまた別の、面白いエピソードだと言えるだろう。

第四節　佐藤老人の物語

西表炭坑の歴史に於ける「権力者と被害者」、誰がどちらに属するのかは、どういった基準で判断すべきだろうか。あるいは、実際にこの歴史の中へ放り込まれた者が犯した過ちの是非は、改めてどのように判断されるべきなのだろうか？

もし現代人の道徳という基準を投げ捨てて更なる「真実」の歴史観の中へと足を進めたいと思うなら、私たちには更に多くの「肉声」が必要となる。歴史学者と研究者の筆を経たものではない、もっと「自己申告」に近い情報が。それが当事者によるものであろうと、目撃者による証言であろうと、あるいはオーラルヒストリーであろうとも、だ。

そして西表炭坑には佐藤金市氏がいる。佐藤金市氏は、ユネスコの「世界記憶遺産」に登録された「炭坑画」の作者である山本作兵衛が九州の炭坑地帯に於いてその「時代」を描くことで炭坑史と記憶の継承に貢献したのと同様に、西表炭坑に於いて従来とはまったく異なる角度から歴史を読み解くための視点を提供したエポックメイキングな存在だ。

佐藤金市氏は明治27年（1894年）に三重県員部郡北勢町（現、いなべ市）で生まれた。20歳になった1913年に、木挽き（製材職人）として台湾へ渡り、しばらく働いた後、新竹（シンヂュー）の東洋木材株式会社に移って課長となる。しかしその後、会社の業績が傾き始めたなど様々な事情が重なって離台。帰郷の途中、立ち寄った石垣で木挽きの仕事を請け負ったのがきっかけとなって、大正9年（1920年）に弟子の財津唯次を連れて西表島へ赴き、島西部の仲良川支流にあった高崎炭坑で、坑夫たちの共同宿舎である「納屋」の建設に着手した。この納屋の完成

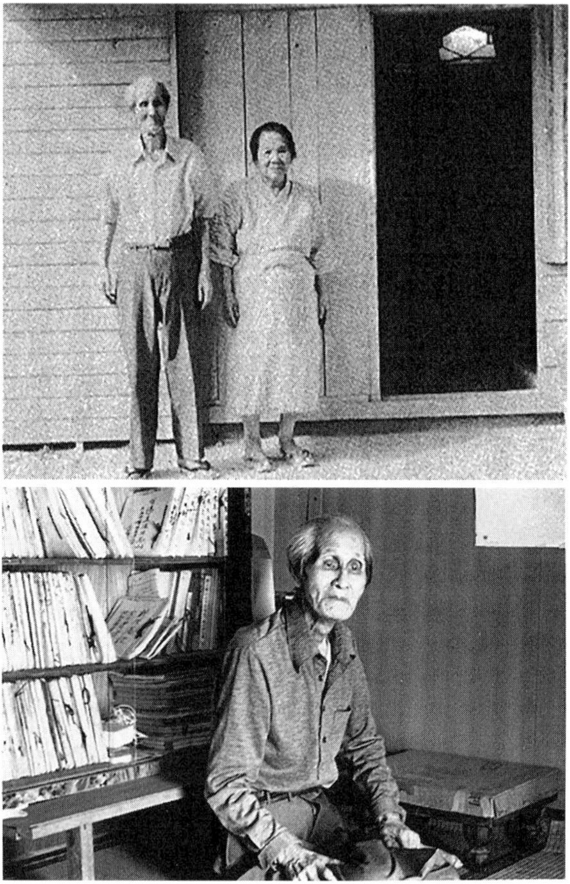
佐藤金市夫妻、晩年に自宅前で。佐藤氏の背後に並ぶ大量の手書き原稿

後、そのまま他の炭坑施設の建設や修理などを担当することになり、時にはマラリアなどで身体の弱った坑夫の世話もしている。昭和2年（1927年）からは丸三炭鉱の坑主、野田小一郎の部下として丸三鉱業所運輸部で働くようになった佐藤氏は、その冷静さと道理をわきまえた性格、積極的に進言をする性格などを野田に愛され、昭和5年（1930年）には宇多良炭坑の建設を主導する立場になった。昭和9年（1934年）に炭坑を辞めて石垣島に戻り、波照間島の燐鉱山で施設建設を担当するなどしていたが、昭和13年（1938年）には再び野田に請われて西表島へと戻っている。その後は昭和24年（1949年）にようやく西表島を離れて石垣島へと引っ越し、以来この地に留まっていた。

人生の青年期をことごとく大日本帝国の最南端である台湾と、沖縄の八重山諸島とで過ごしてきた佐藤金市氏は、最終的に石垣島で古書店を経営して人生の後半の日々を送り、1983年に89歳の高齢で世を去った。

炭坑の坑外施設建設を行う職人として、多くの炭坑事業主と接触し、西表炭坑の変遷史をも目の当たりにした佐藤金市氏は、その人生の生き生きとした記憶を元に、三木先生の励ましと協力の下、『西表炭坑覚書』（1980年）と『南島流転　西表炭坑の生活』（1983年）を出版した。この二冊の回想録は西表炭坑の歴史の新たな一面として、戦前の炭坑の様子に対する後世の人の想像をも補足してくれるものだ。

以下は佐藤氏の著作からの抜粋となる。

私が従業員の面倒をよく見て居りましたので、私が従業員の世話役となったのです。従業員が病気した時にはミルクを買ってあげたり、休みの日にお酒が好きでも、博打で金をとられて酒を買って飲めない人にはお金をあげたりするので、従業員の世話役の手当として月に十五円いただいて居りました。この十五円の手当では、とうていたるものではなかった。内地からの六十名の従業員も、気候になれないのか一回は誰でも病気にかかる訳で、気候になれるまで大変な苦労であります。ほとんどの人がマラリアに罹った。

――「覚書VI　宇多良炭坑のこと」、『西表炭坑覚書』（1980年）

佐藤氏は丸三炭鉱の坑主である野田小一郎の誇る右腕であり、平時は坑夫たちの面倒を見る大家長でもあった。そんな彼は炭坑内ではかなり特別な地位にあり、上司からも部下からも尊重されていた。佐藤氏の文章は「炭坑」がどのような環境であったかを相当にはっきりと描き出しており、炭坑の息吹すら感じ取れるほどだ。

沖縄から来ている労務者達が、金を儲けて一旦は沖縄に帰る人もあっても、また半年もたたない内に炭坑に帰って来る人も少なくはなかった。

「君はどうしてまた炭坑に帰って来たのか、どういう訳か」と、たずねると「沖縄では馬鹿らしくて働くことは出来ない。第一金は儲からないし、炭坑で永らく暮した私達は、炭坑が一番暮しやすいですな」と、いっていました。

炭坑という処は、今日働いた金は明日取れる訳で、その金で酒を飲んだり、博打を打って遊んだり、自分の思いのままに暮すことが出来るので、これを楽しみとしていた。炭坑の従業員には、支那人もいれば台湾人もいる。朝鮮人から日本本土の三府四十三県の皆の集合場所である。そして映画の弁士もいれば芝居の役者もいる。木挽、大工、石屋もいれば、そば屋の出前もち、あらゆる職人から大学生までいる。ありとあらゆる人間のそういう人種の集りなので、ゴミすて場と同じである。一番使いやすいのは彼等である。彼等の性質を知って使えばこれほど楽しいことはない。

――「覚書VI　宇多良炭坑のこと」、『西表炭坑覚書』（１９８０年）※一部誤字修正

佐藤氏の本の中で、西表島は法律がまったく存在しない地という訳ではない。それは注意すべき点だと、S君は私に指摘した。殺人や犯罪はやはり警察署へ報告して取り調べを受ける必要があったし、有罪判決も出ている。炭坑は犯罪が発生しやすい場所であり、犯罪の隠匿が容易な場所でもあったが、かといって決して「無法の地」でもなかったのだ。これは確かに注意を払うべき点だろう。

この年の四月に又も丸三鉱業所で事件が発生した。と申しますのは、坑内の小頭の浅見金

市という男が従業員の山川光夫という男を、撲殺した事件であった。これはどういう訳できたかと申しますと、この山川光夫（朝鮮人）が病気で仕事が出来ないから休ませてくれと申し出たのですが、小頭の浅見係が休ませなかった為に、山川が坑口から逃亡したのです。翌日、新垣善徳が山川をつれて帰って来ました。これを浅見係は、小柳人事にまかせておけばよいものを、自分は仕事から帰り、夕食もすませて酒を飲んだあげくに、この山川を引き出して棒で打ったのである。打ち処が悪くて即死してしまった。驚いたのは浅見君で取り返しのつかないことをしてしまった。そこで浅見君は七年の刑を受けることになった。

――「覚書Ⅵ　宇多良炭坑のこと」、『西表炭坑覚書』（１９８０年）

そしてこのような大変な生活環境の中では、状況は更に黒社会物の小説じみてくる。坑夫が護身のためにドスを持ち歩けば、坑主と親方もまた用心棒を雇うような行動に出た。佐藤氏の回想の中では、誰も予想だにしなかった突発的な事件が実際に幾つか起こっている。そしてそれらの事件は佐藤氏の軽やかであっさりとした筆致により、どこかひょうひょうとしたユーモアを帯びている。これは佐藤氏の文章に於ける最大の特徴だ。

大正十三年四月に、（中略）突然、高崎炭坑で事件が発生した。この事件というのは、高崎炭坑に初めて逃亡者が出たということである。この逃亡者は宮古の多良間生れの男で伊良峰という男であった。

この男の追跡の為に、神原人事係、売店主任の渡久地盛光、大工の新垣善徳の三名が出発した。西表の小島は、周囲が海でありましてとうてい逃げ失せることのできる西表島でなかった。

二日がすぎても彼等は帰ってこなかった。その時、兄弟炭坑の星岡炭坑からケーブルのワイヤーが切れたので、私に来てつないでくれということでありましたので、午後から私が星岡炭坑に行って、ワイヤーをつなぐことにした。そして私は、星岡炭坑から帰って見ると、逃亡者の伊良峰は事務所の中庭で横たわっていた。

私は納屋頭の平山氏にいつ頃帰ったのかと聞いて見ると、平山氏が四時に帰りましたが人事の神原さんは何もしないのに、売店の渡久地君が、この裏切者めと神原さんがいないのに、自分一人でむちゃくちゃに痛めつけたのです。なんでも、伊良峰君は渡久地君からお金を少し借りていたらしい。それは払わずに逃亡したものですから、渡久地君が感情に走り神原さんがいない内にと渡久地君が一人でやったのです。

そうか、野田の親父さんは来ていたのかね、それが野田の親父さんは奥さんがお産で午後から一回も見えませんでした。有銘医師は、注射を打って帰られたが、私は心配で有銘さんにたずねてみましたが、有銘さんは大丈夫といって居りましたので、私も安心して居ります、それならばよいが、私も見には行くが、貴方も見てやってくれ。今は気絶をしているが気がついてくれればよいと思う。貴方も時々行って見てやってください。その後私は納屋の病人と話していると平山氏が来て伊良峰は気が付きました。私が行きますと水を飲みたいといいましたので、私は水を飲ませて来ましたということでしたので、私は君は大変なことをしてくれた、彼に水を飲ませれば絶対にこれが最後の水であったかも知れん。と、話している処へ夜警の管井が青くなってとんできて、「伊良峰は死にました」といった。そうか、早く神原氏、渡久地氏や医者に早く通知してくれ私達もすぐ行く。と、私と平山君と事務所に行って見ると、彼は早くも死亡していた。事務所で待っていると、野田の親父さんから係の人々が全員集まって来た。野田の親父さんが伊良峰の姿を見るなり、これは誰がしたのかと顔色かえて大変ないかりであった。一同は無言であった。渡久地売店係が進み出て、誠に申し訳けないことを致しました。昔の炭坑なれば腕力でもあったが、今の炭坑は腕力は通用しない。その為に毎月一回の座談会を持って従業員に手を出してはならないというているが出来てしもうてからはしかたがない。君もその覚悟せねばならんことであるがこの上は警察の方でとにかく明日の朝早く白浜の警察に通知せねばならんが平山君、明日の朝白浜へ行って来てくれ、はい行ってきます。翌朝早く平山氏が警察に報告に行きますと、医師の仲里氏も共にこられていよいよ解剖ということになり解剖の結果は撲殺ということになって、即座に神原氏と渡久地氏この二人は八重山の警察に送られることになった。

——「覚書Ⅵ　宇多良炭坑のこと」、『西表炭坑覚書』(1980年)

炭坑、それはこういった掃き溜めのような、血で血を洗う危険地帯だった。僅かな不注意から誰かに瀕死の重傷を負わせてしまう世界。日本各地からこの島に来た人々が我が物顔で居座る様は、まるで黒社会の勢力争いのようだとしか言いようがない。更にもう一つ、私に非常に強い印象を与えた、また別の逸話があった。

　ある日の出来事でありました。朝から雨が降っていました。金森君が遊びに来て二時間までたっていなかったが、突然、星岡氏が顔色を変えて入って来た。土足のまま座敷に上って木刀で金森君を打った。すると木刀が二つにおれたが、金森君は無言でたたかれていた。あまりにも星岡の動きが早い為に止めることも出来ず、あっという間の出来事であった。木刀がおれたので、庭に立てかけてある棒を持ってきておそいかかろうとした時に、私は星岡を突き飛ばした。すると庭の片すみにころんでいた。「どおだ！　まだやりますか」それから星岡氏は向ってこなかった。そこで私が、

「貴方は炭坑の親方かも知れませんが、この家は、私の家ですよ、人の家に来て、挨拶もなしで土足のままあがり込むとは……金森君は貴方の処の労務者かわかりませんが、私の家に来ている以上は私の客人で、どういう事情か知りませんが、いかに事情があろうとも、人の家に土足であがり込むとはもっての外だ。

　それだけ事情のある金森君なれば、自分の家につれて帰り、殺して食べようと、焼いて食べようと、貴方の勝手だ。炭坑の親方の貴方が常識はずれもはなはだしく、炭坑はこれで通るかも知れませんが、私は絶対に許しませんよ。

　これからは私が相手だ、どっからでも来なさいよ」といっている処へ神原人事係が来て、

「佐藤さんなにするんです、この人は星岡さんですよ、そんなことしては大変ですよ」

「なにが大変ですか、星岡さんということはわかっています。星岡さんだから相手にするのです」

このことは人の知らせで野田の親方もわかっていたのか、私がいては面倒だと思ったのか、神原人事をよこして自分は石炭山に登って行かれた。その後の星岡氏もしばらくは無言で立っていたが、ややしばらくして、

「私が悪かった。腹立のあまり、かっとなって、わけがわからなくなって申し訳がなかった。君のいう通りで、考えなおしてくれ」

と、いうことであった。私はわかっていただければなにもいう必要はありませんが、まあこちらに来てください、煙草でも吹きながら一寸だけ私のいうことを聞いてください。

「貴方がいかに智恵者でありましても、一人で親方の位置にはつけませんよ。沢山の部下達が、貴方の為に働いている人があればこそ、貴方は親方として世間の人からも認められ、又自分の部下からもあがめられて、親方の位置につくのです。一番大切なのは自分の部下の労務者でありその労務者をわずかなことで自分の感情にとらわれて労務者に今日のようなことがあってはならない、と私は思うのです。又炭坑の人事係であっても、親方の一番大切な宝、労務者という宝をあずかっているのでありますから労務者を大切にすべきであると私は思っています。星岡の親方は、智恵者であるから、そんなことは絶対にないと思いますが、この全森君をつれて帰って、君の為に佐藤からとやかく言われたけど、これも君故であると智恵

のない人なればいわれるかも知れませんが、星岡さんにかぎってそんなことはないと信じて安心しています。お帰りになっても、この金森君を愛してやってください。私からくれぐれも御願い致します」

「本当に今日は君からよいことを聞かせてもらってありがとう。たいがいの人は、私によいことをいって諂って来るが君だけはそうでない。私の為になることを、いって聞かせてくれてありがとう。これで失礼します。金森帰ろう」と、星岡氏は金森君をつれて帰って行った。

――「覚書II　星岡炭坑のこと」、『西表炭坑覚書』（１９８０年）

佐藤氏の著作は西表炭坑の歴史に於いてはその記憶を留める貴重な財産であり、同時に西表炭坑の真の姿をこれ以上ないほど如実に読者に伝える回想録でもある。直接の体験者として炭坑の内側にいながらも、佐藤氏はひょうひょうとした第三者的な眼差しで辺りを静かに見つめている。佐藤氏のその独特の眼差しは、炭坑内に於ける彼の特殊な地位とも関係があるだろう。佐藤氏は西表炭坑の盛衰を目の当たりにし、更には植民地時代の台湾新竹の林業所に於いて働いたこともある。南の島を遊歴する中で人生に於ける最も波乱万丈な青年期と壮年期を過ごした佐藤氏は、晩年には石垣島で小さな古書店を経営し、書籍と文字の中に己が安らぎを見い出した。この二冊の、どちらも地方出版物であり全国流通は行われなかった書籍は、私たちの歴史考証チームにとっても、西表炭坑の歴史にとっても、勝るもののなき意義を備えている。

この世の全ての人の一生は、それぞれ一冊の本に等しい。そして佐藤氏の人生は、涙と汗、苦しい生活に於ける喜怒哀楽が入り混じった「西表炭坑」というこの分厚い本なのだ。

第五節　正真正銘の台湾人坑夫

２０１９年、『緑の牢獄』の再現ドラマ部分の撮影準備はいよいよ大詰めを迎え、全ての作業が更なる詳細な考証を必要としていた。そしてこの映画が既にその段階に差し掛かっていることは見て取った上で、私たちは、より多くの「カンフル剤」を――より確実な「証拠」であれ、私たちによってまだ発掘されていない「秘密」であれ――心理的にはなおも渇望している状態だった。

周辺に取りこぼしてきたものの方を逆に調べてみよう、この時私が思い付いたのはそういうことだ。かつて私が手帳に書き込んだ人の名前や物事。それらの中には、これまで実際には辿ったことのない「手掛かり」が幾つかあった。その捜索をなぜこれまで実行に移さなかったのか？　奇妙な話だが、私はドキュメンタリーの撮影とそれに伴う調査の工程を、どこか「修行」に似ていると思っている。修行中の段階では、物事を逆から見て一足飛びに結論へと到ることは不可能だ。２０１８年の前半におばあがこの世を去る前の時点では、私の方もまだ『緑の牢獄』のメインとなる部分の歴史を調べるのに手一杯で、その範疇を超えた手掛かりにまで手を伸ばすような準備はできていなかったと、そういうことかもしれない。

しかも、思い出してみれば、私たちはこれまで「正真正銘の台湾人坑夫」を探し当てたことがあっただろうか？　状況証拠、文献上の細切れの記載、三木先生の『聞書』と佐藤氏の著作の中の証言、それらは常に一枚の紗が掛かったような状態でしかない。

年月を考えれば、当時の坑内で働いていた本人が２０１９年の現在まで生き延びているはずもないことは、私にももちろんわかっていた。しかし私はやはりそれらの人々を、探してみたくてたまらなかった。

この本の第四章第二節で言及した『アカマタの歌　海南小記序説　―西表島・古見―』（１９７３年）の中に出てきた20～30秒ほどのインタビュー音声。画像なしの声だけだったあれが、私が記憶している中では唯一明確な、八重山に残留した台湾人坑夫の声だ。あれは貴重なアーカイブ音声との予期せぬ遭遇だった（真っ暗な画面の向こうにいたその坑夫たちは、どのような顔立ちをしていたのだろうか？「厚生園」の中で孤独に暮らし、そのまま年老いて世を去ったのだろうか？）。

更に多くの資料を得るために石垣島の八重山厚生園を訪ねたい、その思いにはこの数年間で幾度も駆られていた。以前に見た『アカマタの歌』の中のインタビューを思い出したことで、ようやくこの年、私はここに――１９７０年代に研究者とドキュメンタリーの作り手が訪ねた場所であり、故郷に帰る術がなかった多くの残留坑夫たちが穏やかな晩年を過ごした場所であるこの老人ホームに——戻ってみることを決意した。

八重山厚生園の前身は、昭和21年（1946年）に発足した「石垣町救護院」だ。戦災で親族を失い自活もできない孤児と老人、加えて身体障碍者の収容を目的として設けられたこの施設は、翌年に八重山支庁管轄の「衛生部附属救護院」となり、時には米軍やアメリカ人の篤志家たちからの配慮による支援を得つつ運営され、後に琉球政府立厚生局「八重山厚生寮」へと名を変える。そろそろ老境に入りつつあった西表炭坑の元坑夫たちも、やはり寄る辺のない老人として多くここへ入園し、余生を過ごすこととなった。復帰後は「沖縄県立八重山厚生園」となっている。

私たちの来訪目的を知った園長は、質問に答えられそうな古参のスタッフを、わざわざ探してくださった。しかし1970年代のことといっても、もう五十年前のことになる。ましてや厚生園で暮らしていた残留坑夫の大半は、1990年代の前半に世を去っていた。園内には入園者の身元のわか

「厚生園」敷地内に1973年に建立された「納骨堂」。戦後も故郷に戻ることのなかった坑夫たちの遺灰はここに眠っている（提供：八重山厚生園）

る資料が幾らか残されていて、古い記録をめくると、かつての居住者の名前の中には確かに台湾人らしい名前も散見された。『アカマタの歌　海南小記序説　―西表島・古見―』でインタビューに答えていたあの二人の元台湾人坑夫も、ここで静かな老後を過ごしたに違いない。

既に時が経ち過ぎていたため、園内には私たちの質問に答えられるスタッフはいなかったが、園側は既に退職していたスタッフにも連絡を取ってくださった。そして紹介された厚生園の元ベテラン看護スタッフが、私たちのために幾つかの手掛かりを思い出してくださったのだった。

彼女が厚生園で働き始めたのは復帰前後の頃となる。西表炭坑の関係者は、大体六人前後が入所していた気がするとのことだった。その中の一人は有名な大井兼雄さんで、マスコミや研究者も大井さんの取材でたまに園を訪れることがあった。また他の元坑夫たちが老後は割とひょろりとした体格になっていたのに対し、当時もなおプロレスラーのような筋肉質でがっちりとした体格の持ち主だった大井さんは、相当に印象的だったらしい。その他の四名が「坑夫」であり、「親方」や「斤先人」といった地位ではなかったこともはっきりと記憶している。それらのお年寄りたちはほぼ全員が日本の内地出身で、結婚経験はなかった。戦前は西表炭坑で働き、戦後も内地の故郷へは戻らなかった人たちだ。そしてそれらの炭坑内に於いて人々の扱いが過酷だったことは、彼女もまた、僅かながら耳にしていた。

これらの元坑夫以外に、比較的特別な人物がもう一人いた。妻が年老いて先立った後、園に送られてきた、元「斤先人」だ。彼女は次のように回想している。

この「斤先人」は割とひねくれた性格の持ち主で、坑夫たちと一つ屋根の下で暮らすことにも不満を持ち、常に階級意識に囚われていた。またいささか横暴な人でもあり、妻の生前は常にかしずかれて暮らしていたため、看護スタッフのことまで手近な道具を使って殴り、八つ当たり対象にしていた。入園後はしばしば看護スタッフのことまで手近な道具を使って殴り、八つ当たり対象にしていた。元坑夫たちがどちらかといえば仲良く暮らしているのに比べると相当なギャップがあり、彼女の印象にも強く残ったそうだ。

宴会や、園からの遠足（彼らは西表島にも遊びに行き、観光バスに乗ったり、ゲートボールに興じたりしている）といったレクリエーションの場で撮られた、入園者たちの写真。180ページに載せた三留先生の写真に写っている元坑夫のおじいちゃんたち五人は、穏やかな雰囲気を身にまとい、そういった光景の中にも溶け込んでいる。それに対し、和服に身を包んで「親方」の風格を漂わせているこの元斤先人は、集合写真の中でもまったく笑みを浮かべておらず、幾分厳粛な表情で写っている。どうやら、たとえ戦後どれだけの年月が過ぎようと、炭坑の中でのそれらの階級意識はまだ——少なくともこの元管理者の心の中には——存在していて、そういった潜在的なものが彼の振る舞いにも若干滲み出ているようだ。

元坑夫たちの写真を見ながら私は考え込まずにいられなかった。

これらの写真に写っている既に年老いた炭坑関係者（残留者とも呼べる）の心の中に、既に半世紀前のこととなっていた時代の風雲は、いったいどのような痕跡を残していたのだろう？80幾つになっても彼らはまだ悲嘆や失意を抱えていたのか。それともそれらはもうとっくに薄らいでいたのだろうか。

「八重山の台湾人」の現状と同じく、西表島で手掛かりが見つからなくても、石垣島にはまだ何らかの痕跡が残っている可能性があった。しかし八重山を通り越して沖縄本島や内地へ行ってしまった家族は、既にその物語も行方も探し当てられなくなってしまっている。

だが幸いなことに、数年間の長きに亘るこの考証過程の終盤になって、思いがけなくも私たちは「正真正銘の台湾人坑夫」の子孫を、本当に見つけることができたのだった。

様々な文献や聞きかじった程度の記憶を頼りに行った手当たり次第の捜索の結果、この仲宗根さん一家が見つかったことは、今思い返しても奇跡のように思えてならない。今も石垣島に住んでいるこの一家は、既に島の華僑団体とも付き合いはなく、自分たちだけで生活を営んでいた。２０１４年に私が「八重山の台湾人」についてのフィールドワークを行った時にもこの一家に繋がる手掛かりは確かに何一つなかった。

関係筋を通してまず連絡が取れたのは、この一家の二世代目に当たる兄弟姉妹のうち、最年少の妹さんだ。父親がかつて炭坑で働いていたということは、彼女の記憶にも残っていた。父親は当時、爆発事故で片耳の鼓膜を傷め、聴覚に重い後遺症が残っていたようだ。しかし仲宗根家は戦後はずっと石垣島で暮らし、父親も中華料理店のコックとして働いていたため、彼女たち兄弟姉妹の世代は戦前の生活と西表島についての記憶を持っていないとのことだった。

私たちは、とある日の午後に会う約束をし、一家の中で最年長に当たるお姉さん、そして次兄と、最初に連絡が取れた妹さんの、全部で三人に出向いてきていただいて、極めて有意義なインタビューを行った。インタビュー中にお姉さんがごく僅かな細切れの記憶の中から掻き集めてくれたエピソードは、私たちだけでなく、弟妹二人にとっても初めて聞く話で、感嘆の声が止まなかった。以下はこのインタビューの抜粋となる（「黄」が私）。

姉：あんまりたくさんのこと聞いてないんですけれど、聞いているだけでいいんですかね。まあ、昭和10年（1935年）頃に、なんか台湾の方で、沖縄の方に向かう船で、炭坑、お仕事があるっていうことでね。お仕事があるから、あの掘る人なのかな。なんかたくさん募集があったみたいで、その中にうちの父も埋め込んだのが、18歳くらいの時。あの台湾の方に（スカウトが）来たらしいんですよ。着いたら、炭坑のお仕事あったみたいで。実家は台湾の基隆か高雄かと思うんですけど、呼び掛けられて、西表島へ。

黄：お父さんの台湾名はなんですか。

姉：台湾名は「頼春福（らい・しゅんふく）」。文字がちょっと昔の文字で、こういう字を書くんです……。

黄：スカウトが来たのは基隆か、あるいは……多分基隆のはずなんです。あの時は募集はほぼ北部の基隆は炭坑があったので、そこから色々募集があって、で、それ、募集を呼び掛けて。……西表炭坑に来たのが、どの炭坑とか知っていますか。

姉：えー、西表の船浮。船浮の炭坑。名前は聞いてないです。

黄：それは、炭坑の中に何の仕事？

姉：なんか石炭か何かですかね、掘り起こして、トロッコか何か車で運んで、運び出す、っていう作業。いつも真っ黒になって、例えば、上は上半身裸で掘り出す。たくさんの人がいたみたいで。

黄：それは全部、その、炭坑は台湾人ばかりか、あるいはちょっと地元の人もいるとか。

姉：地元の人もなさっていたんですが、ほとんど台湾の人。父親の話し方なので（話によると）、とにかくたくさん。たくさんの人がいたって。何十人以上だったと思う。

黄：最初は船浮、あとはどこに行ったのを覚えてますか。石垣に来るのはけっこう後ですか。

姉：覚えてないです、二、三ヶ所はあったけど。石垣に来たのは、だいぶ、うーん、後ですね。終戦後かな？

黄：炭坑のこと、いつから終わって、石垣に来たのか。

姉：そんなに具体的なことは話はしていなかったけど、けっこう長いところ勤めていた。何年か分からないけど、でも終戦とか、終戦前とかいう話は、その中では出て来なかったですね。

黄：台湾に帰ったんですか。

姉：いえ。そういう話は終戦前か後かわからないんですけど、ただその西表があんまりにもひどいので、亡くなっていく人もたくさんいたし、食事もろくに取れなくて、栄養失調で亡くなっている人もいて、自分はこれ以上ここにいたら、自分も死ぬかもしれないということで、友達と一緒に二人で、夜逃げて、船で石垣に渡って来たって話を聞いてます。何名かも逃げたんだけれども、捕まえられて、引き戻されて、っていうことがあったみたいだけど、自分なんかは運がよかった。逃げきれたみたい。

黄：すごい、あの時もう色々捕まえて大変ですよね。捕まってたら終わり。

姉：戻されたらもう、どういう目に遭うかわからない。だから、自分は運がよかった。もう一人の人と、二人でこう逃げて、夜に途中まで泳いで行って。で、それから、やっと石垣に着いた、って聞いてるんだけど、誰か船で助けてくれたかどうかの話まではしてない……。泳いでたら、途中まで。とりあえず泳げるからさ。（弟たちに向かって）泳げるよ、まだ若かったし。それで途中まで逃げたんだけれども、その後どうやって石垣まで辿り着いたかは、たぶん距離だから誰かに助けられたかもしれないし。（中略）（うちの父親と）一緒に逃げて来た人は台湾の人ですよ、「李三國（りー・さんこく）」と呼ぶの。

黄：記録で見れば、何人の台湾人坑夫が一緒に小浜島にまで泳いだ記録があってね。でもあのとき地元の人から聞いた話は、地元の人はあんまり協力してあげないって。協力したら炭坑の人が怒るので、西表の住民はあんまり協力しないで、逆に外の、例えば石垣からの船、何を運んだ食材とか。逆にそういう人に助けてもらうケースが多くて。西表の住民とかみんなが炭坑と関わりたくない、助けてあげないという話聞きましたね。これたぶん、夜に必死に泳ぐ。じゃあその石垣来た後で、どういう、何をやったんですか？　農業ですか？　あとこの李さんは？　連絡とか取ってますか？

姉：えー料理、父は調理師の免許持っているので、こっちに来て、すぐ来たかどうかは分からないですけど。そうですね、物心ついた時からもう、蓬莱閣というところに。幼稚園の時から、記憶があるんだけど、蓬莱閣に勤めていた。蓬莱閣っていう料亭があって、そこで調理師を……。李さんはお家で、自宅で、あの、歯医者さん。

妹：なんか行ったことある。抜かれて痛かったような記憶が……！

姉：そうですね、この人の娘さんまだいますけど、連絡は……。

黄：（料亭の調理師は）長くやったですか？

姉：長くやってましたよ。自分のお店はやりましたけど、場所があんまり良くなかったので、すぐ閉めました。

黄：基本は、お父さんはたぶん炭坑の時代は大変だと思ってるはずですよね。怖かったという、悪い印象、ものすごく悪い印象ですよね。

姉：ものすごい怖かったって。最初そうじゃなかったんだけど、あの、最初連れて来られて、えー、と思ってびっくりしたんだけれども。もうみんな、入れ！ 入れ！ っていうような感じで、なんか、台湾語混じりのなんか変な言葉で、入れ入れって言って、それで入って、一人で（石炭を）出す仕事をしてて。遅かったら、棒で？ お尻とかを叩かれると。足とか、お尻とかを叩かれて。手早くやらないと。休んだりしたら叩かれてしまうから、叩かれないように。「ひどいよ～」とか言って。なんか、あの、何ていうか、見ている人？ 見張ってる人？ で、逃げ出して、人が逃げて行かないように、なんかこういうところ、張って見てる人もいたみたいで。見張ってる人はたくさん、どのぐらい、いたっちゅうのはちょっとわからないけど、ただ、ゆっくりゆっくりしてたら、もう、すぐ叩かれて……、だから、ゆっくりもできないし……。

黄：労働時間はけっこう長いはず。

姉：朝起きた時から、夜寝るまで。日が暮れるまで、なんか仕事はずっと。

黄：お金か切符……。

姉：お金の話はしてないからわからない。

黄：炭坑切符というお金があって、炭坑しか使わない、中しか使わないお金？　があって……。

妹：中には色々食べ物屋とかがあって。

姉：なんか切符……、切符って言ってたね。

黄：あっ、切符言ってました？

姉：切符って言ってましたね。

黄：じゃあ、そのお金ですね。

姉：（独自の通貨とか店があるなら）もう一種の町なんですか、炭坑の。

黄：炭坑ごとに違います。坑夫たちが、ほぼ騙されていて、切符しかもらってなくて、外に行く旅費もなくて……。中しか使わないお金、ギャランティ、本当のお金じゃなくて。

姉：台湾から来る時は、そんなキツイ仕事のような話はしていなかったみたいで、たくさん稼げるっていう噂で。みんな、たくさんの台湾の人がいっぱい行って、みんな一生懸命に働いてる。仕事はとにかくあるよ、っていう感じで。そうやって台湾から来たんだけれども、状態見てから、びっくりしたんだけれども、逃げ出そうにも逃げ出せないし。やっぱりしょうがないから。

（中略）

黄：炭鉱の中に何か娯楽とか何かあるんですか。

姉：娯楽は……。

黄：一切ないですか。

姉：いや、娯楽は、休みの時もあったみたいで。休みの時は、あの花札……。

黄：花札？

姉：花札。あと、何か指の細さぐらいの、何か細い……。

兄：パチンコよ！

姉：違う、パチンコじゃない。

兄：あの、持ってるよ。持ってるさ！

（次兄が何か探し始める）

妹：ギャンブルだったんですよね？

（監督がスマホを取り出し、「四色牌※」の写真を皆に見せる）

兄：見たことが、あるはず、あれ。

姉：これしかなかったはず、遊びって。

妹：細長い……、なんか、色とりどりの。

黄：色があるやつですか。

姉：色があるやつです。

（次兄が父親の遺品の中から「九支十仔」の四色牌一セットを探し出す。皆驚く）

妹：持ってるんだ、にいにい！

黄：やっぱりこれでしょう！

妹：なんか、あの、遺品の中で、たぶんあったかもしれない。もうなくなったらもったいないから、つってちょっと残してるかもしれない？　なんか、いっぱい持ってて、

※四色牌は中国の主に南方とベトナムなどで人気のカードゲーム。清代に遊ばれ始め、台湾にも伝わっていた。赤白緑黄の四色セットになっている細長いカードを使うので、この名称がついている。ギャンブル性があるため、日本時代の台湾では昭和12年からこのカードも花札などと同じく骨牌税の対象となった（廉価で粗末なカードだったため、これまでは無課税だった）。様々なローカルルールがあり、「九支十仔」はこのゲームの一種として台湾に伝わっているもの。台湾での名称は、最初に配られる手札が親は十枚でその他のプレイヤーには九枚、というローカルルールに由来。

これで、友達と一緒に遊んだりとかしてて……。

姉：何とかかんとか、何とかー、言って……。

妹：さっぱり意味がわからない。何か「ペー」って、何とかって……言ってもわからん。

（中略）

妹：とにかく上手だったね。うちのお父さん上手だった。台湾語わかるんだー、みたいな。

黄：家族と一緒に遊ぶんですか、これは？

妹：これは、お友達同士で……。

姉：そうーそうーそうー！

黄：台湾人の人たちと？

妹：そう、台湾人の人たちとたくさん、みんなこれをやってて……。

姉：なんかおしゃべりしながら、何とかかんとかー、って言ってしゃべりながら、笑いながら、なんかこういう……。

妹：でも、うちの家族とか、子供たちとではやらないですよ。わからないから。

姉：仕草的に何かこういう感じで、こうやって。で、こうやって、何とかかんとかって、何とかー！　って。

台湾人坑夫の姿を長年しつこく探し続けた挙げ句、再現ドラマ部分の撮影前に、私はようやく、台湾人坑夫が戦後に辿った道の痕跡に出会えたのだった。本人には会えなかったとはいえ、その子供たちの言葉からは、「緑の牢獄」から逃げ出そうと努力した当時の台湾人坑夫の爪痕が、そして石垣島での余生の様子が窺えた。

彼がなぜもっと炭坑での経歴と生活について話そうとしなかったのか、それを調べる術は既にない。しかし証拠から明らかに示される事実は、戦後にメディアの前へと姿を現し幾度もその存在を報道された元「斤先人」の他に、沈黙して声を上げようとしなかった坑夫たちもまた存在し、炭坑から足を洗って新たな身分を手に入れた後は無言のまま生き続けていたのだということだ。

そして新たな時代の中に新たな自分として生きつつも、彼らは博打をして遊ぶ時には、まるで慣れ親しんだ環境に戻ったかのように、その時代の台湾人坑夫がよく遊んでいた「九支十仔」の四色牌を手にしていたのだった。

そういった光景はまさに、私があちこちから話を聞く中で憶測していた情景そのものだ。それでも今回のように実際に彼らの子孫の手から、彼らの遺品としての四色牌を送られると、やはり相当な衝撃を覚えずにはいられなかった。

この日の午後のインタビューを分水嶺として、想像と真実とは徐々に一体化し始めた。「再現ドラマ」で描こうとしている光景が、もう遙か彼方の夢物語ではなく、目の前にあるリアルに変わったのを私は感じていた。

そして私たちは「再現ドラマ」撮影のいばらの道へと、大きな一歩をまさに踏み出したのだ。

第六章……歴史の再現

台湾北部の旧坑道内での撮影

歴史の再現、または記憶の再現という、本来抽象的なものである思い出や歴史資料に記載された情報を、映像や音声に具体化して描く手法は、ドキュメンタリーの分野に於いてもこれまで相当に物議を醸してきた件だ。『緑の牢獄』がなぜ最終的に「再現ドラマ」という選択に踏み込んだのか、そしてなぜ私が、歴史が持つ別な一面を、そしてそれだけでなく隠された別の観点をもこの映画で描き出そうと思うなら、その手法は「再現ドラマ」しかないと信じたのか、この章ではそれを語っていきたい。

ドキュメンタリーに於ける「再現映像」というと大半の人は、テレビの実録番組の中の安っぽいセットとへたくそで大げさな演技を、でなければ朝ドラのようなおっとりとしたナレーション入りの「地方在住の誰々さんの思い出」を、連想するはずだ。それよりは高度な、NHKのドキュメンタリー番組に出てくるような、それなりの予算を投じて撮影された時代劇タイプの再現ドラマであっても、やはり誇張感があるのは否めない。

しかし再現ドラマを使って成功したドキュメンタリー映画の例もある。もっとも有名なのは1988年のアメリカ映画『ザ・シン・ブルー・ライン』(The Thin Blue Line 日本未公開)だ。今やドキュメンタリー映画の巨匠となったエロール・モリスはこの作品内で、ダラスで起こった警官殺害事件の状況を大胆にもノワール映画風の再現ドラマを使ってシミュレーションし、アメリカ司法界の象牙の塔で生まれた冤罪事件を詳細に分析してみせた。モリスによるこの再現手法は、時代を超えた価値観を備えているし、この映画も社会を改革する力を持った佳作として――事件の犯人として死刑判決が出ていた人物は、無実が証明され、釈放された――最終的には広く認められるに至っている。

とは言え「再現映像・再現ドラマ」という言葉は今もなお、ドキュメンタリーとは何かを議論する際に、頻繁に争点となる議題だ。「なぜ再現する必要があるのか?」。この問題は影のように私に、そしてドキュメンタリーの定義につきまとう。

その問題の背後にある問いとはすなわち、私はどんな映画を作りたいのか、であり、そして再現という手法を使うことが本当に私の力となるのか――その映画に相応しい雰囲気を作り出し、作品の世界観を支え、そしてその世界観へと観客を導くことが、再現という手法によって本当に叶えられるのかどうか、だ。

ポイントの一つは、映画論に関するものとなる。ドキュメンタリー映画の黎明期にこのジャンルを確立したイギリスの監督:ジョン・グリアソンは、ドキュメンタリー映画とはすなわち「現実の創造的処理」だと定義している。「現実を創造的に処理」することによって私たちが達成できる目的はどのようなものなのか、私たちが信じる「真実」へと更に近付くことはできるのか、がここでの課題だった。

そして二つ目は実務上のものだ。ドラマ撮影という手法を使った場合、私たちは実際のところどうすれば、「再現ドラマ」とドキュメンタリー本体との間にあるギャップ、両者の根本的な違いを、きちんとコントロールして融合させ一本の映画とできるのか。そしてその両者が反発し合って映画が真っ二つに引き裂かれてしまったり、映画の中に混乱が生じてしまったりする事態を避け、なお且つ観客の反感も買わずにいられるのか。

それらはどれもかなりヘビーな課題だ。特に私たちのような少人数で、更に劇映画撮影の経験に乏しい監督とスタッフが、美学的にも完成度的にもハイレベルな再現ドラマを限られた予算の中で撮影しようというのは、いっそ分不相応な野心だと言っていい。しかも監督である私はその下準備となる調査を亀のような速度で進めて数年間の時間を費やした上、今もなお足踏みでもしているかのように延々と考え込んでいる状態なのだ。

これは簡単に言うと、私自身が招き寄せた事態だった。２０１４年に『緑の牢獄』の計画をスタートさせた時点で、既に目の前にあった課題。この映画には、普通にドキュメンタリーを撮影するやり方では撮れない何らかの要素があり、しかもそれこそがこの映画の要なのだとは、その時点からうっすらと感じていた。そして今、私があえて直視しなかったそれら一つ一つが巨大な障壁となって立ち塞がっていたのだ。それらの障壁に私が正面から向き合うべき年、それが２０１９年だった。

第一節　何をもって真実と呼ぶのか

全てはここに帰結するのかもしれない。まず論じるべき点であり、同時にドキュメンタリー映画の作り手にとって最も重要な理念である問題――「真実とは何であるのか?」という問いへと。

ドキュメンタリーの作り手は誰もが、その問いに対するそれぞれ独自の答えを持っている。実際に映画を作る中で得た経験がその答えとなる場合もあるだろうし、映画を長年見てきた上で認識した自分の好みがその答えだという場合もあるだろう。いずれにせよ、一本の映画を見る時、その映像が描き出すものと、その作品が観客に向かって提示する観点はどちらも、その作品を生み出した人物にとっての「真実の概念」を最終的には反映している。

初めて映像作品を作ったのは高校二年の時だったが、ドキュメンタリー映画の世界に足を踏み入れたのは、大学三年生の時だ。この年に私は國立政治大學の社會科學學院民族學系（社会科学部民族学科）で、一年間の「影視民族誌（映画とテレビに於ける民族誌ドキュメンタリー）」コースを履修し、そして私のドキュメンタリー処女作である短編、新北市三重(サンチョン)區一帯にある製紙工場で働いているタイからの出稼ぎ労働者を主役に据えた『五谷王北街到台北（五谷王北街から台北へ）』（２０１０年）を、まだ右も左もわからないような状態で撮影したのだった。

この受講中に私たちはフランスの巨匠ジャン・ルーシュによる「シネマ・ヴェリテ（真実の映画）」派のドキュメンタリー作品から、マーガレット・ミードによる文化人類学ジャンルのドキュメンタリーまで様々な作品に触れた。厳密にいうと私がドキュメンタリー映画に目覚めたのはまさにこの段階となる。それまでの私は大学生活の中で一日に二、三本の頻度で映画を見、映画に関する知識を吸収してはいたが、見ている作品の大半は劇映画で、ドキュメンタリー映画に対する認識は極めて浅かったからだ。ジャン・ルーシュの『ジャガー』（1967年）などの映画を教室で見たことは、私がそれらの名作ドキュメンタリーを手本とする上で、重要な経験となった。

もちろんそれ以降ドキュメンタリー映画を見る量が増えるに連れて、自分の好みもますますはっきりとわかってくる。カメラの存在は「壁にとまったハエ」のようであるべきだと主張した「ダイレクト・シネマ」や、ひたすら記録することのみにこだわったような作品には私は比較的何の感銘も受けることがなく、どちらかというと作り手と被写体とが相互作用を生み出せるような、いっそ両者が共同作業によって生み出したものであるかのような雰囲気が漂う映画の方を好んだ。日本に留学した当初、小川紳介監督の作品を教室で大量に見たが、私が好きなのは、成田空港での三里塚闘争を記録した著名な「三里塚シリーズ」よりも、小川プロダクションが山形県の辺鄙な土地に移り住んだ後の映画の方だった。監督とスタッフ自身も農業をしながら現地の村民と一体化して撮影した『ニッポン国古屋敷村』（1982年）と『1000

年刻みの日時計　牧野村物語』（１９８６年）は、こういった「グループによる共同作業形式」によって生み出されたドキュメンタリーの集大成と言える作品だ。

村に足を踏み入れ、拠点を設けて長期滞在する。２０１３年に私は河瀬直美監督のワークショップに参加し、参加者全員が『殯（もがり）の森』のロケ地、奈良市田原地区で一ヶ月を過ごした。この経験が私の学生時代に於ける最後の成長期となったのはほぼ確実だ。

作品作りに対する撮影側と被写体側双方の意気の高低度合は、互いの漠然とした感情に基づいた「身内意識」が両者間に生まれるか否かで決まる。そして双方の意気が一定の高さに達することによって、次は互いの間に共通ビジョンが築かれ、この共通ビジョンの有無が最終的に撮影現場の空気を左右する。

こういった、まるでヨガのような心の動きを、急かさず焦らずカメラを回して時には年単位の時間を掛けて日々記録すること――例えば小川紳介監督のカメラマンが最後に辿り着いた、一センチ一センチ伸びていく稲の緩慢な成長の撮影のような、素朴な信仰にも似た行為――こそが、私のイメージするドキュメンタリーなのだ。

ドキュメンタリーに対し生半可な知識しかなかった学生時代の私でも、「被写体」と私との間にある道理を探り当てることはできた。その道理とはつまり、「被写体」が持っている個人的な観点を私がカメラで１００％捉えきるのは不可能だ、ということだ。なぜならば私と被写体とは結局のところ別人だからだ。そして徹底的に私自身の評論的な眼差しだけに立脚したノンフィクション文学のような映像を撮ることも私には不可能だった。自分をルポライターや評論家の立場に置くことは私には無理なのだ。

「被写体」との関係が構築されると、この「絆」は更に発展し、様々な感情へと育まれていく。そして撮影チームと現場との関係全体が、極めて細やかな「感情の因子」によって構成されたものへと、更に発展していく可能性も高くなる気がする。

私が思うドキュメンタリーの作り手の役割とはすなわち、それらの多種多様な感情の糸を分析し解きほぐして、その中から私たちがついていこうと思うルートを選び出すことであり、その作業によって、私たちが信じると同時に「そこに浸っていたい」と心から望む、感情のストーリーを展開させることなのだ。

言葉にすると抽象的だが、こういった「感情の動き」や「感情の因子」に気付く瞬間というのは撮影現場では多々あることだ。

私はそもそも、他人の性格とその背後にある考え方とを観察し、分析するのが好きなタイプだ。そして人間観察力に関しては一度として自信を失ったことがない。ドキュメンタリーの撮影中、カメラの前にある人や物事が本当の姿を見せているのか、それともカメラの前だからこその姿を見せているのかを選り分けるのは、私にとって容易なことだ。それは、私にそういった観察眼があるからこそなのかもしれない。

しかし多くの観察派ドキュメンタリーに比べると、私自身はむしろ「自分が信じる物を選ぶ」タイプの叙情的な作品作りをする人間だ。それは前述した「そこに浸っていたいと心から望む」という概念にも通じる。

たとえばあなたが既婚者と恋愛中だったとしよう。つまりその恋人は既に婚姻相手を裏切っている状態にあり、あなたに向けた甘い言葉も全て嘘である可能性が高い。そしてあなたがそれでも恋人の言葉を信じる方を選択するのなら、あなたは相手の言葉を心の底から信じていなければならない。これが言葉の持つ力だ。

もしあなたが相手の言葉を心の底からは信じられないのなら、それはつまり信じていないということだからだ。どれほど信じたいと思っていようが、内心ではあなたは反対票を投じているということになる。

同様に、カメラの前で被写体が露わにした感情を、対話相手としてその場に座っている私が、その時点で信じることができなかったのなら、それはすなわち私が「信じない」ことを選んだということだ。

そしてもし私が相手の発露した感情を信じるのなら、それはつまり、「カメラの前で真実は変容する」といった類の学問上の理論じみた与太話を私は信じたくないのだということを意味する。その時点に於ける自分の判断を徹底的に信じているからこそ、私はそこに賭けるのだ。

ならばここで私が言っている「真実」とは何なのか？　オッペンハイマー監督は『アクト・オブ・キリング』の中で、主人公による過去の殺人を、主人公と共に再演している。その再演過程に於いて監督と主人公との共同作業によって「創作」される「記憶」。そして、その「記憶」によってほのめかされた――「真実」である可能性を持つ全ての――「想像」。それらの「真実」かもしれない「想像」は、一つ残らず「真実」と呼ぶべきものなのだ。

想像を「嘘」だと批判することは誰にもできない。なぜならその想像によってほのめかされるものは、個人あるいは集団による記憶だからだ。人と人とがコミュニケーションを取る中で築かれる共通ビジョンとは、監視カメラによる録画のように100％具体的な、物事の表層のみを捉えた映像ではない。それは言葉で説明することすらも不可能な、形なき暗黙の了解だ。

そして相手を信じた瞬間と信じなかった瞬間が長年に亘って積み重なることで膨大な量の記録された時間となり、巨大な時の河となって流れる時、その相手に対する全ての感情は更に曖昧で全体的な概念へとまとまる。

その状態は、例えるならばまるで長年知っている友人に対する認識のようなものだ。その友人との間に起こったエピソードの詳細をあなたはもう覚えてはいないが、それでもあなたはこの友人のことをもっと直感的に理解できている。その理解は何に由来しているのか？

友人に対するあなたの理解の基盤となっているのは、あなたがこの友人と過ごした全ての瞬間だ。そこに於いてこの友人が取った行動の背景にはどんな動機があったのか、どの動機が存在した可能性が高いのかを、あなたはこの友人の性格を通して把握している。長年の付き合いに寄って積み重なったその知識が、この友人に対するあなたの理解を支えている。

そしてその理解は、あなたとこの友人が共同で築いてきた、感情面に於ける暗黙の了解にも由来しているのだ。

ドキュメンタリーの作り手と被写体との関係がこの段階に達すると、たとえ「全面的な絶対の理解」（客観的な真実）を相手に対して抱けなくとも、充分に慣れ親しんだ相手に対する一種の「直感的理解」（被写体との共通ビジョンに基づいた想像に過ぎないかもしれない、感情面に於ける真実）を抱くことはできる。そうすれば次にやるべきことは、自分をその流れに乗せることだ。

確保できた「感情面の真実」の中から、私たちが直感的に信じられるものはどのエピソードなのかを選んでいく。また被写体が私たちに対して意図的に隠そうとしている「語ることのできない秘密」はどれなのかを、やはり直感的に感じ取り、目の前に提示された全ての情報の背後に秘められた動機と感情――「感情面の真実」をベースとして構築された裏事情――がどのようなものなのかを推測する。

これらの素材が最終的にパソコンの中でそれぞれタイプ別に分類され、どう組み立てていくかを検討されている時点に於いて、これらの「感情面の真実」の物語は私のアキレスの踵になる。なぜなら、この真実に信を置く以上、私は「それ以外の別な真実が存在する可能性」を信じてはいけない立場となるからだ。

だが同時に、それは私の利点にもなる。全ての行為の背後に当時存在した微妙な感情と動機とを正確に把握できているのは私しかいないからだ。

言い換えると、私にとってドキュメンタリー映画の撮影とは、精神分析の手順に幾分似ている。一人の人間を理解するため、私たちは精神を集中できる空間に身を置き、数多くの対話を重ね、建前と、言葉を発する権利とを互いの間でキャッチボールする。この時、カメラはまるで精神科医のカウンセリングルームのように、被写体を対話に集中させ雑音を挟まないという役割を果たす。

対話が持つ力によって、人は心を解きほぐされ自分の内に秘めている感情を取り繕うことなく吐露するかもしれないし、逆に用心し口にする言葉の中で自分の秘密を覆い隠そうと意図するかもしれない。あるいは皮肉な言い方をすると、精神を集中したことによって（従順な聞き手を得たせいで）その言葉は誇張されたものとなり、感情は演出され、その人の決して通常のものではない一面が提示されるかもしれない。そしてカメラはこのようにして全てのメディアをただひたすらスピードアップさせ、提供される情報をインスタントなものにしてきたのだ。

私はまた疑ぐり深い記録者として、ヒアリング内容から推測するだけでなく、同時に状況証拠も集めている。被写体の持つ背景と残されている手掛かりは、一つ残らずこっそりと調査研究しているし、親戚や友人なども訪ね歩いてその記憶について確認するのだ。

最終的に私は、被写体に対する強い「直感的な理解」に基づいて私が信じることにした「感情面の真実」の中から、長年に亘って撮りためたうちで信用できる証言と物事、そして瞬間とを選び出し、これらを組み立てて一本の「筋道の通った」映画――主人公という「存在」を描き出したものであり、主人公の人生について私が組み立てた物語でもある――を作り上げる。

その作品は主人公の内面の一部と、その全体的な印象を観客に伝えるのには充分なものだが、主人公の人生全てを表すことはできない。それは、そのドキュメンタリーの撮影開始前と撮影終了後の主人公の人生についても同様だ。

さて、『緑の牢獄』の事例へと戻ろう。こういった、情緒過多で、同時に疑い深くもあるドキュメンタリー監督な私にとって、今回のプロジェクトは当然ながら、私の技量が極端に試される難しいものとなった。

まず、橋間おばあはこの映画に於ける唯一の主人公であり、私に向かって当時のことを打ち明けてくれることが可能な唯一の証言者だ。しかしこの映画のテーマは一つだけではなく、「西表炭坑」という更に大きな歴史的命題を抱えている。このためこの映画は必然的に、その歴史の内側を照らし出さなければならない。

そして「おばあ」と「炭坑」を繋ぐ存在であり、そのどちらにも関わりがあるのは、おばあの養父である楊添福ただ一人だ。しかし重要な存在であるこの養父は、１９９０年代に既にこの世を去ってしまっている。つまり、この三つの存在を一堂に会させる形での撮影は、私たちにはどうやっても物理的に不可能なのだ。

しかしこの問題は、私の野心をも呼び起こした。私はそもそも、家族のささやかな歴史を通して、社会と歴史の大きな変遷を描き出すのを――ささやかでアットホームな家族の歴史の一齣を通して、そこに写っている当事者自身が直接その目で捉えることはない、時代が形作った大きな枠組みへと、観客を触れさせるのを好む。とは言え、『海の彼方』の主人公だった玉木家がホームビデオによる家族の記録映像を豊富に所有していたのと比べると、子供たちとの付き合いがあまりなく一人暮らしをしている橋間おばあがこういったプライベートな状況で撮られたアットホームなビデオ映像の類を提供するのは、率直に言って無理だ。

第五章で述べたように、私たちは様々な「宝物」を発掘している。この宝物は一方では養父である楊添福の「存在感」を補助し、別な方面ではおばあと炭坑とを繋ぐ結節点となってこの映画の屋台骨を支えていた。しかしそれでも私はこの映画に於ける「物語」には足りないものがあると、切実に感じていた。歴史を反射する鏡のようなポイントとなるおばあの記憶と、歴史資料として残っている楊添福によるオーラルヒストリー、そして島に残る炭坑の廃墟、これらをなめらかに繋ぎ合わせて、観客が納得し共感できるレベルにつじつまの合った一つの物語にするためには何かを加える必要があったのだ。そして付け加えるべき唯一のものとは、その時代を舞台として作成した「再現ドラマ」だった。

第一の理由としては、現状、この映画の中では三者三様の素材が、それぞればらばらな視点を持ちまったく違う方向を目指しているように見えるせいで、映画全体の印象を散漫なものにしてしまっている点がある。だが「父に対する娘のコンプレックス」というテーマを大きな時代の流れの中に設置することで、素材全てをそのテーマに即して一つにまとめられるようになるのだ。

更に第二の理由として、観点の問題があった。歴史を調査する過程で私が徐々に気付きつつあったのは、「斤先人」と「坑夫」の間にあった身分差と、両者の立場の明らかな隔たり、そして楊家とおばあによる物語の中にも明るみに出したくはない裏側が多く隠されているらしいということだ。それら全てが指し示しているのは、西表炭坑と台湾人の物語に於いて露わになった、「表舞台へと姿を現していない台湾人坑夫たち」の存在だった（しかし彼らはどうやって「姿を現さずに」いられたのだろうか？）。

これら無名の坑夫たちは、映画の中になんらかの形で——再現ドラマの中の登場人物としてであれ、地元の住民ならば誰もが知っている彷徨える幽霊としてであれ——必ずや登場しなくてはならない。しかし私は彼らの存在を映画の中で提示したくはあったものの、彼らに「彼らの主観による物語を語らせる」ことはしたくなかった。

私がやりたかったことは、観点の補完だと言えるだろう。私は主人公の立場の対極にある存在を強調したかったのだ。

どちらの理由も、この映画は「再現」という方式を用いて、映画全体のピントを歴史の流れの中のある一点――「三者三様の歴史の合流点」とでも言うべき地点に合わせなければならないのだと指し示していた。そこはおばあが長年閉じ込められてきた記憶の牢獄――無数の「なぜ」が誕生した場でもあり、この映画が全編に亘って追いかけてきたおばあの記憶の始まりの場でもある。それゆえに、この「トラウマ」となった記憶の発祥地点こそが、この映画の核心となるのだ。

その合流点をどのような表現で描こうと、そここそがこの映画の核心であることは変わらない。おばあの実際の経験に基づいて描写しようが、おばあとの長期に亘る対話の中で確立された想像上の記憶に基づいて描写しようが、あるいは私たちがおばあの記憶の裏付けのためにあらゆる歴史を調査する中で確立した再現ドラマをその描写として用いようが、一切問題はない。

そしてその合流点とは、『緑の牢獄』というこの映画に属する全ての関係――「私と橋間おばあ二人の主観による真実」に於ける個人の家族史と大きな歴史との関係、そしておばあと養父との関係、更にはおばあと私との関係――そのそれぞれに於ける核心でもあった。

私がやりたいのは、この合流点をそっと摘み上げるようにして注意深く映画の中に嵌め込むことであって、それ以上でもそれ以下でもない。しかし私がこの合流点をこの映画の中に嵌め込むのは、観客が凝視すべきこの映画全体の中心点としての役割をそれに果たしてもらいたいからだ。この映画を見る時――おばあの人生として見るのであろうと西表炭坑の歴史として見るのであろうと――観客にはこの合流点こそを作品の中心部分として見つめてほしいのだ。

この心理的なネックを通過してしまえば、次に控えているのは「私たちは如何にして記憶を再現するのか」という段階になる。

第二節　かつて存在した人と物事

『緑の牢獄』の世界の中で、「炭坑の中ではつまるところ何が起こっていたのか？」という根本的な問題をもし追究しようとするなら、私たちは私たちの主人公である橋間おばあにピントを合わせるべきだ。なぜならこの映画は全て、おばあの記憶に立脚しているのだから。

しかしそこには罠がある。私たちはどうやって「他人の記憶」を確立するのか？　映像によって他人の記憶を具現化することはできるのか？　プライベートなものであり過ぎ去った過去のものである記憶という空間に、その記憶の主観者ではない私たちがどうやって触れるのか？

再現ドラマの撮影を実行に移す上での難易度に加え、そこには哲学思考的な難題もあった。ドキュメンタリーが最終的に到達する「信憑性」は、客観的な真実――「そのドキュメンタリーによって提示されたもの、取り扱われた題材はかつて実際に存在していたのだ」という事実――に由来する。

しかし『緑の牢獄』の「再現ドラマ」部分に於ける「真実」とは、「おばあとの共通ビジョンに基づいた想像に過ぎないかもしれない、感情面に於ける真実」だ。だからこそ、この再現ドラマが加わることで『緑の牢獄』が、客観的な真実と感情面の真実との間にある曖昧な境界線上を行き来することになるならば、おばあの存在感は不可欠となる。ゆえに私たちはおばあという実在する被写体の傍へと絶えず戻り、その内心に耳を傾けなければならない。

そしてこれは極めて難しいミッションだった。橋間おばあを密着撮影していた2014年から2018年に掛けての数年間に、私とおばあとの間には感情の強固な繋がりが築かれ、その繋がりは私がこの映画を撮影するにあたっての支えとなった。しかし私たちの間にあったのはそれだけではなく、おばあに対し不信感と疎外感を覚える瞬間も確実に存在したのだ。

私たちの関係はある意味恋愛に似ていて、熱くなったり冷めたりを常に繰り返す。そしてこういった微妙な点と距離感は撮影したフィルムの中にも常にそのまま反映される。これはまさに映像の持つ魔力だ。

この映画の企画をあちこちにプレゼンする段階に初めて至った２０１４年から２０１５年の時点では、この企画の比重はおばあよりも歴史そのものの方に置かれていた。私はそのことをまだ覚えている。つまり私たちは歴史を理解するためのガイドとしておばあを利用し、おばあの目を通して大きな歴史の枠組みを見ていたのだ。

しかし私たちによる撮影はむしろその距離感を裏切るものだった。私たちはおばあにまつわる空間に——おばあが一人暮らしをしているあの白浜の古い家に、おばあの記憶が充満しているあの空間に、おばあの纏っている空気によって封じられた「映画的な」空間に——密着して撮影を行っていた。

私があの家で嗅ぎ取ったのは、「映画の気配」だ。道の突き当たりに建っているこの忘れ去られたような台湾風の古い家屋の中には、一本の映画の世界観を築くのに充分な、ここで映画を撮りたい、撮らなければという思いに駆られる空間が広がっていた。紛れもなく現実の世界の一部でありながら何かの物語を秘めているようなこの場所で自分を萌芽させろと、そう私に訴えてくる、まだ見ぬ映画の気配。この古い家の中に醸し出されている強いオーラの正体がいったい何なのか、私には分析も理解もできなかった。

しかし同時にわかっていたこともあった。この空間を理解するためには、私とカメラマンの駿吾は二人ともまだ修行が足りていないということだ。ここで感じ取った神秘的な何かの正体を理解するにも、この空間が秘めている物語の気配をどういう映画として誕生させるべきなのか、その映画のあるべき姿を把握するためにも、私たちはもっと色々なものを吸収し学ばなければならないのだ。この空間に潜んでいる「映画」を早く目にするために、急いで成長しなければと、私たちは焦りを覚えていた。

そしておばあがそこにいた。おばあはそこにいて私たちを導き、この家よりも更に広大な記憶の洞窟へと私たちを引き入れたのだ。私たちはまだ、おばあ個人の記憶や、炭坑の大きな歴史の中の細かなエピソードといったありとあらゆる膨大で複雑な情報にいちいち足を取られては、毎回その下敷きになって埋もれていたが、その洞窟が最終的には大きな歴史と大きな時代とに関わる場所に通じているのだということは、そんなスマートとは言い難い冒険の途上にあってもなお察していた。

私はこの家が持つ独特の「オーラ」に惹かれ、それによって醸し出された独特の小さな世界観の中に浸っていた。2015年に参加したベルリン国際映画祭での駆け出しの映画人向けワークショップ「ベルリナーレ・タレンツ」のドキュメンタリー企画部門「ドック・ステーション」に於けるプレゼンの際、この空間が持っているオーラを説明するのに私は幾らかの時間を割いた。多少儀式めいた言い方になるかもしれないが、極端に言えばこの場所は私に、植民地と帝国との関係を背景として構築された物語の中にはこういった「永久不変の廃墟」が残っている可能性があるのだということを気付かせたのだ。同時にこの場所が帯びているオーラとは、「とある時間」が「とある場所」で静止したことによってもたらされた「虚無感」でもあった。そしてこの映画のタイトル『緑の牢獄』――これは三木先生が西表炭坑を総括した言葉からの引用であり、この古い家という空間に詰め込まれているおばあの人生に於ける記憶の牢獄をも暗示している――も、この段階で定まっていた。

しかしこの空間は結局のところ炭坑ではないのだという事実は付いて回る。そしてつまるところおばあ自身は「その秘密を打ち明けたい」と願う動機を果たして持っているのだろうか？
おばあとのこの密接な距離感は、おばあを価値ある歴史資料と見做して利用していることに起因するのか。あるいは、おばあとのこの親密さは、目的あってこその意図的な行動なのか。そういった鋭い質問は、『緑の牢獄』のプレゼン中に幾度も受ける羽目になった。
『ゲッベルスと私』（２０１６年）が、ゲッベルスの秘書としてナチ政権下のドイツを目撃した女性を直撃取材し、１００歳を超えた老婦人となっていた彼女が、知られざる過去をあらいざらい自ら望んでぶちまけたのとは訳が違う。『緑の牢獄』は要するに私と橋間おばあとの対話であって、歴史の真相はそれに伴って明かされる副次的なものに過ぎない。おばあが滔々と歴史の真相を自白する映画ではないのだ。

次にはっきりと認識すべき事実は、おばあの記憶の物語とは何なのか、問題の核心とは何であるのか、だ。この映画におばあはどう「関与」しているのか、と言ってもいいだろう。
記憶の物語をこの映画の中でどのようにして構築するのかという監督としての仕事の領域の

話以外では、そこが一番重要なポイントであり、そして非常に大きなウィークポイントでもあった。ドキュメンタリーの作り手の多くが直視を拒もうとするにもかかわらず、影のようにどこまでもつきまとい伸し掛かってくる問題だ。

あなたがこの映画を撮影することは、被写体にとってどんな意味があるのか？　そして世界にとって、なんの意味があるのか？

被写体にとってはまったく無意味な作品が、世界にとっては大きな意味を持つこともあれば、その逆に被写体にとっては有意義でも、世界から見れば何の意味を持たないありふれた話だということもある。

被写体にとっての意味と、世界にとっての意味、両者間のバランスはきちんと取れるのだろうか？　そしてそのバランスを、撮影者はどのようにして取るべきなのか。世界にとって有意義であれば撮影者は敵陣に忍び込んだスパイの如く、被写体を騙して自分が必要としている素材を巧みに取得し、その後その素材を使って被写体とはまったく無関係な「作品」を完成させるべきなのだろうか？

私の考えでは、これは倫理上の問題であり、作品の成り立ちにまで確実に影響を及ぼす訳ではない。物議を醸している映画の中には確かに「敵陣潜入」方式で撮られた作品が多く含まれている。例えば「地下鉄サリン事件」を起こした「オウム真理教」を直撃取材した森達也監督の『A』（1998年）及び『A2』（2001年）、またはインドネシアで起こった軍事独裁政権による大虐殺にオッペンハイマー監督がメスを入れた傑作ドキュメンタリーだ。

しかしそれらの——たとえ物議を醸してはいても——優れた作品には、「なぜ」という撮影者自身の疑問の提示が必須の要素となっている。その撮影目的が社会に向けて明確に警鐘を鳴らすためであれ、ほのめかすためであれ、異議を申し立てるためであれ、被写体と対話するためであれ、撮影者がその作品を撮るに至った動機でもあるその疑問は、被写体による回答を導き出した要素として必ずや一つ残らず明示されなければならない。さもないとそれは単なるスパイによる隠し撮りの切り張りになってしまう。

『緑の牢獄』はこのような私とおばあとの関係の揺らぎ、作品の世界観と作り手の立場の微調整、私たちがこの作品に求める理想のスタイルと実際の現場の雰囲気との間で模索を続けながら前進していた。そしてプレゼンの場であるピッチング・セッションやワークショップはだいたいに於いて、私がこの映画を幾度も修正したり討論するための重要な場となった。

私がとても嬉しかったのはこの映画の共同プロデューサーとなったフランスの制作会社が、この数年間様々な討論の場に私を同行させてくれたことだ。「再現ドラマ」という手法に私が本気で挑戦したがっているのだということを彼らは充分に理解し、この映画がその方向へ進むことを必然なのだと納得してくれた。またこの映画の核心が何なのかを模索するそれらの再三のディスカッションによって、自分の成長度合いを量ることもできる。おばあの家が秘めていた「映画の気配」、それが徐々に実際の姿を現しつつある中で、今の自分がその全貌を見て取れているかどうかを基準に、自分がどこまで成長したのかが判断できるのもドキュメンタリーを撮る上で最も面白い部分だ。

ようやくこの映画全体の輪郭が見えた気がしたのは2018年の前半、ちょうど橋間おばあが亡くなった頃だった。おばあの死が私にもたらした衝撃と喪失感は、この映画はやはり「そのあるべき姿」で世に出すべきなのだ――たとえその仕上げ方法が一般に大胆だと見做されるものであっても――という心意気へと変わった。単に観客に向かって忘れ去られた歴史を語り、その歴史を広く知らしめる、歴史ドキュメンタリーのような方向は選ばない。主人公の一生の描写を細々と並べ立てていくような理路整然とした伝記ドキュメンタリー方式でもない。この映画はもっと感情に訴えるものであるべきだ。おばあの溜め息や叫び声、足取り、そういった感情の発露に寄り添ったものになるべきなのだ。

この映画をもし、一つの要素だけで表すのなら、選ぶべき要素は恐らくおばあの溜め息になるだろう。その溜め息に詰め込まれているのは、大きな時代の下に取り残されたあらゆる人の「その後の人生」だ。だからこそ、その溜め息はそれを通じて、更に巨大な社会の変遷の下で「西表炭坑」という場所と時代に閉じ込められていた人間たちがその暮らしをどのように嘆いていたのかにも、充分に手を届かせられるものとなっている。

2019年10月のチェコ・イフラヴァ国際ドキュメンタリー映画祭で若手プロデューサー向

けのワークショップに参加した時のことだ。ドキュメンタリーの創作理念として自分が信じているものはこれだというキーワードを、参加者全員が一人一つずつ選ばなければならなかった。そして私が選んだのは「memory」という単語だ。

もしもドキュメンタリー映画が映像によって生み出される空間を通して、「記憶」が暗示している「真実」（それが主観に基づくものであろうが想像に過ぎないものであろうが、この場合は別にかまわない）に触れることができたのなら、ドキュメンタリーの定義とはもはや「真実の記録」ではなく、「真実への接触」になる。

そして『緑の牢獄』が橋間おばあを通して触れた「記憶の中の真実」とは、おばあの家庭に属する記憶によるものだけではなかった。おばあの人生と再現ドラマ、アーカイブ映像や写真を通して、西表炭坑とその時代に関する集団的記憶が——おばあの記憶が、楊添福の記憶が、坑夫たちの記憶が、この島に暮らす人々の記憶が……、更なる膨大な個数の記憶が、そこには結びつけられたのだ。

誰かが死んだ時、遺族を慰めるのによく使われるフレーズとして「思い出がある限りその人はまだ生きている」というものがある。これはドキュメンタリー映画の本質にも通じるものだと私は思っている。

記録が行われたその瞬間とは、移り行く時の中のすぐに消え去ってしまう一瞬に過ぎない。

そして消え去った過去の記憶は歴史の中へと投げ込まれ、その一部となる。だがそれらが残した痕跡は、記録として残されたことにより、「存在する（したことがある）事実」として相変わらずそこにあり続ける。

口述、事実、記憶、アーカイブの中の映像と音声、それから撮影が行われたこの空間。それらが最終的に指し示す「存在」のうちには、この映画に登場する全ての人物や物事だけでなく、私とカメラマンの駿吾——この島で、おばあの家で、炭坑の廃墟で過ごし、西表島でおばあ（そしてその記憶）と向かい合っていた私たちの七年間の歳月——も含まれているのだ。

語り手であるおばあが亡くなった時点で、この古い家——おばあだけしか持っていない記憶が詰まっていた空間——もまた、私たちに向けて開いていたその記憶の入口を閉ざし、それによって完全な「廃墟」となってしまった。そしてこの映画も、編集作業が終われば、それ以上は手を加えられることのない完成品になり、記憶を封じ込めた一つのオブジェと化すのだ。まるでこの映画自体が自分で自分を閉ざしたかの如くに。

おばあの死後、私はおばあの隣近所の家を訪ね、楊家に対する彼らの記憶や白浜村に暮らす人々の集団的記憶を集めて回った。恐らく私は「おばあはかつて存在していた」という実感を得ようとしていたのだろう。

楊家と同様に戦前からずっと白浜に居住しているF家の人（第一章で言及した、おばあのことを「楊（ヨウ）の姉さん」と呼んでいたあの娘さんだ）も、重要な事実を提供してくれた。戦後数十年に亘ってこの村では坑夫やその身内の幽霊が彷徨う姿をそこかしこで四六時中見かけたのだという。それらの姿が見えなくなったのは、ようやくここ二十年ほどになってからだそうだ。語られるその記憶の中では、幽霊たちの姿かたちまでもが微に入り細に入って描写されていた。更に驚くべきことは、その話がまったくありふれたことのように語られたことだ。老婦人のユーモアを備えた語り口を通し、日常的で取り立てて変わった点もない普通の記憶として語られた幽霊譚。それもまた最終的には『緑の牢獄』という記憶の空間へと嵌め込まれることになった。

村と廃墟の中を数十年に亘って彷徨っていたこれらの足のない幽霊たちも、恐らくは私にとって、「かつて存在したことがある人や物事」の中の欠くべからざる存在なのだ。

第三節　想像と記憶との対話

「再現ドラマ」が単なる概念の話ではなく、撮影が実行される段へと移行すると、全ては更に細かく複雑になった。撮影資金はどうにかこうにか掻き集めたものの、ギリギリの予算に加え、撮影場所が台湾と沖縄二ヶ所になったため、キャストもスタッフも二ヶ所分の旅費とスケジュール調整が必要となる。プロダクション側にとっても撮影する側にとっても、相当なチャレンジだった。

更に監督である私が相変わらず大半の時間、考え込み足踏みしている状態だ。他のスタッフはほとんどが、尻に火が点いたように駆けずり回っていた。日本人の若い美術さんはまじめに仕事を進め、事前に決めておくべきことは細部まで設定しておくという彼の慣れ親しんだやり方で、全てを慎重に処理していこうとしてくれていた。しかしその融通の利かないやり方は、たびたび私と衝突を起こしてもいた。

私が考えている「再現ドラマ」も、劇映画を撮るように絵コンテを描き、カメラワークから役者の動きまで全てを事前に詳細に定めた上で、ひたすらそれに沿ったやり方で進めるしかないのだろうか？　セットや衣装のディテールは、クローズアップの有無まで事前に決めて、どこまで作り込むかの必要性を判断しなければならないのだろうか？　もっと臨機応変で柔軟なやり方はないのか？

結論から言うと、より弾力性に富んだ、私たちの慣れ親しんでいるドキュメンタリー的でフレキシブルな撮影方法が私たちに許されないのは、予算上の問題だった。全てはあらかじめ手順を定め、その通りに進めるしかない。限られた予算ではそれが精一杯なのだ。小道具一つ、衣装一つを用意するごとに、幾ら掛かるのかをその都度計算して把握し、予算内でやりくりする必要がある。２０１８年の後半にキャスティング選考をスローペースに進め、２０１９年に台湾側のキャストが決まった。その年の11月に沖縄と台湾で行われる撮影へと向けて、思えばそこからようやく、全てが疾風怒濤の勢いで動き出したのだった。

しかし再現ドラマという方法は誰の目から見てもチャレンジングであることに変わりなかった。劇映画ではなくドキュメンタリーを見に来ている観客は、再現ドラマ部分にもドキュメンタリー部分との親和性を求める。再現ドラマを作るにあたっては、観客のその要求が何よりも高いハードルだった。

ドキュメンタリー映画という枠組みの中では「演技」は浮いたものとして見えてしまいがちだし、更には再現キャストが結局はそのドキュメンタリー映画の主役本人ではないのだというギャップもある。私たちはそこを乗り越え、その両者を観客に心の中で自然に受け止めてもらえるようにしなければならない。

この一年、私の頭は細々とした問題をどうするかで一杯だった。てんてこ舞いしていたこの年は、今思い出してみても迷いの中にいた一年だったという風に感じられる。私たちはまず「再現ドラマ」のスタイルを、より抽象的なものにしようと決めた。動作と表情はシンプルなものにし、演じるキャストもなるべくおばあやその他のアーカイブ映像上の人物に顔立ちが似ている人を選んだ。そして一番重要な決定は、この「再現ドラマ」部分からは俳優たちの声を徹底的に削除し、物音だけを残すことで抽象性を高める――ポルトガルの監督：ミゲル・ゴメスによる『熱波』（２０１２年）の中のモノクロームによる記憶の再現シーンのように、一種の「無言劇」のような距離感と記憶の朧げさ、別世界に於ける出来事のような雰囲気を備えた場面にしようとしたことだった。

撮影する映像のスタイルや内容、完成イメージなどは固まっていたにもかかわらず、その場面には誰と誰が出るのか、カメラワークはどうするのかといった具体的な絵コンテのようなものは、再現ドラマの撮影直前になっても頭の中にまだなかった。皆を率いて前進していながらも行く手は実は霧の中、予算はお札に火が点いたような速度で消えていく。そんな中、この映画にとって必須の工程である「再現ドラマ」の撮影が、しかし本編であるドキュメンタリーの撮影とは徐々に切り離され、まったく別のタイプの撮影になっているのだということを、プレッシャーが常に伸し掛かっているこの段階に至ってようやく私は感じ取っていた。

そうだ、私が今やっているのは、本来なら劇映画の撮影チームがやっているべき工程なのだ！　ドキュメンタリーの撮影とは完全に別物な撮影テンポとやり方、それに私は適応しなければならない。そう私は自分に言い聞かせた。

内地から招聘したのはくだんの美術さんと、ヘアメイクさんがやはり一名で、キャストと照明部（こちらは二名）は台湾からの参加、そこに私たち――沖縄のムーリンプロダクションと台湾の木林電影――双方のメンバーが加わる。劇映画の撮影チームとしては極めて小規模なものだ。

キャストの大半を台湾で探した主な理由は、無言劇であっても台湾人坑夫の役は台湾人に演じてほしいと私が望んだからだ。残りのエキストラは現地沖縄で探した。

キャスティング過程で幸運だったのは、おばあの若い頃によく似た面差しを持つ女優と出会えたことだろう。その他の楊家の人々の役も、現存する写真と見比べながら、顔立ちが比較的似ている俳優を選んだ。台湾人坑夫役はそれらしい体格や雰囲気など役のイメージを考慮した上で選出している。

ついに11月に突入する。誰もが相当に緊張していたが、劇映画の撮影経験に乏しい私たちはそれにも増して戦々恐々としていた。沖縄パートと台湾パートに二分されている撮影のうち、まずは11月上旬から中旬に掛けて、沖縄での撮影を進めた。11月下旬からスタッフは台湾でのセット設営作業に入り、12月の頭から台湾での撮影を始める。再現ドラマ撮影チームの拘束時間は一ヶ月前後を見込んでいた。

沖縄での撮影スケジュールでは、西表島での撮影を最初に持ってくることにした。これは西表島の物語だし、私たちは台湾から来たキャストたちにまず密林と廃墟の気温を実感させ、それに慣れさせることで、西表炭坑の坑道内にいる時の身体の状態がどのようなものかを想像させたかった。撮影中、坑夫役のキャストは全員褌一丁しか身に着けられない。まだ冬の気配が感じられない温かさと西表島の空気の中で、俳優たちは徐々にリラックスし始め、私たちが思い描いていた坑夫そのものになっていった。

再現するのは炭坑での作業だけではない。これまでに探索した島の炭坑廃墟各所を舞台として、坑夫の幽霊たちが彷徨っている場面の比較的困難な撮影も行った。『緑の牢獄』の題材となった実際の空間の中へ――私とカメラマンの駿吾にとっては既にホームグラウンドであるこの島の中へと、皆を引き連れて入っていく。ようやくこの段に辿り着いたのだという達成感と安堵感も心の内にはあった。

西表島での撮影に於ける最後の二日間を、私たちは『緑の牢獄』の番外編――『草原の焔』の撮影にあてた。二昼夜ぶっ通しで撮影したこの短編は、島から逃げようとする三人の台湾人坑夫を主人公とした物語だ。元の設定は『緑の牢獄』と関係があるため、舞台も再現ドラマと同じ1930年代の西表炭坑に設定し、しかし元々は一般の坑夫役としてキャスティングした俳優に演じてもらっている。密林と廃墟の中での撮影はかなり面白いものとなった。チームのみんながこの環境に徐々に適応し、森林探検のようなアウトドアレクリエーション的楽しさを撮影の中で感じ始めているのがわかった。

屋外キャンプのようだった西表島での一週間の撮影を終え、私たちは石垣島へ移動した。テーマパーク「石垣やいま村」の中にある二棟の古民家風再現建築を借り、これを戦前の台湾組坑夫寮と楊家がその頃暮らしていた家として、それらしくセッティングしていく。石垣島での撮影は、炭坑時代にあったこれらの建物を舞台にしての室内劇がメインだ。

こういった小規模チームで撮影を行う場合、一番必要となるのは阿吽（あうん）の呼吸だ。幸い私たちムープロと木林のスタッフが四名という人数でチーム内に一角を占めていることにより、チーム全体に於ける最低限の共通認識は保たれているし、この現場で私がやりたいことの方向も大

西表島での「再現ドラマ」撮影中の一場面

「石垣やいま村」に設けたセット内での準備風景

まかには把握できている。

そして張先生には特に感謝するべきだった。歴史考証の段階からこの再現ドラマ撮影まで私たちをサポートしてくれた先生は、この沖縄での撮影にまで付き合ってくれたのだ。その場面が自然に見えるようにするための、セット内での坑夫の立ち位置や姿勢、採掘道具の持ち方や使い方など、細かいしぐさに至るまで専門家による意見と指導が常に傍から得られるこの状況は、私を大いに安心させてくれた。

互いの認識をすり合わせつつ撮影を進める中で、私にとって比較的心配な存在だったのは俳優陣だ。私が実際に何をやりたいのかを充分に理解してもらえない、むしろ海外でのリゾート気分の方に心を囚われてしまう、そんな事態になるのではないかと危惧していた。

そしてこの心配は初めてのものではない。これまでの幾つかの仕事でも、こうだった。沖縄にいることが当たり前になっている私たちはともかく、他の人たちからしてみれば海外での撮影という珍しい経験であり、撮影以外のことに気を取られがちになる。

そして私と美術さんとの衝突は撮影に入ってからも絶えることなく、そのことも私の気分に一定程度の影響を与えていた。現場で中心となるのが劇映画の撮影経験が足りていない監督とスタッフなのだから、彼から見れば至らない点が多かったには違いない。しかし「劇映画」のような正確無比な撮影をこの映画が目指す必要はあるのだろうか？

何が必要で何が不必要なのかをその場で即断することもできず、かといって私たちにそぐわないその撮影スタイルを潔く捨て去るような勇気も持ち合わせていない私は、まるでこの状況に鼻面を掴んで引きずり回されているような気分だった。

結局のところ、劇映画の撮影に似たこの再現ドラマの撮影現場の中で、元々のドキュメンタリー映画と繋がっているのは私とカメラマンの駿吾の二人だけなのだ。そして、再現ドラマ撮影チームと役者の全員に私のやりたいことを完全に理解させ、共通目標と共通ビジョンを持たせるのには、私たち二人の記憶の繋がりだけではそもそも力が足りないのだということに、私は恐らく気付きつつあった。私がおばあと共に過ごしてきた時間の思い出――その時間の象徴であるおばあの家という空間が宿していたオーラ、それをこの場に召喚することで、この再現ドラマにもドキュメンタリー部分と共通する空気を内包させようという試みは、どれも苦労の割に効果がなかったのが明らかだった。

かくして私は、元々ドキュメンタリー映画の方にしかなかった私とおばあがいたあの時空間を再現しようという試みを諦め、目の前の再現ドラマ撮影現場に集中することにした。そうすると気力も充実し、判断力も戻ってくる。たとえ手足を縛られた状態でも、この撮影現場にはまだ創作の余地があった。このチームを如何に率いるかは、私にとって最初の比較的正式な「監督能力」テストになってはいたが、ただそれだけのことに過ぎない。

思い出してみれば、この極めて小規模なチームによる波乱万丈な撮影は、私にとって初めての劇映画撮影として恐らく忘れがたい体験になるはずだ（高校生だった16歳の時に初めて撮影した学生映画も短編劇映画ではあったが、厳密に言えば今回が初めてのそれらしい劇映画撮影となる）。そもそもの私は自分の主張をはっきり告げるタイプなのだが、馴染みのない劇映画の撮影現場ではどうしても瞬間的に気後れしてしまいがちだ。しかしそうした後ろ向きな感情は即座に振り捨てて気持ちを立て直さなければならない。さもないと苦心惨憺して準備を整えてきた今日までの努力が全て無駄になってしまう。

幸い今回の撮影では、多くの「八重山の台湾人」による支援も得られた。私が八重山にかくも長年滞在した結果として、私たちの撮影を皆が熱心に支持し、物質的にも精神的にも多くの補助を提供してくれたのだ。普段の私たち（大抵は私とカメラマンの駿吾の二人だけ）とはまったく違う大所帯な「再現ドラマ撮影チーム」が八重山に現れた時も、実際にこの島に暮らしている中で馴染みになったこれらの人々が、私に向かっていつもの姿を見せてくれたのもありがたかった。おかげで私は即座に現実へと引き戻してもらえたのだ。撮影中のカメラが捉えている幻想的な光景と、その背後で確かに息づいているこういった、単なる日常の出来事に過ぎない私と住民との出会い。現実離れした夢のような場面と、日常的なリアリティーに満ちた場面、その両方が撮影可能な八重山は、私にとっては間違いなく、二つの希望をどちらも叶えてくれる極めて映画向きな独特の空間なのだ。

八重山の台湾華僑からはいつも多くのエネルギーを与えられている。今回、私たちが拠点としたのは石垣島で台湾人が営んでいる民宿で、ここでも私たちはちょうど求めていた精神面物質面の援助を両方とも得ることができた。どこか足元の定まらない状態だった沖縄での撮影を、私とカメラマンの駿吾が得ていた「八重山での撮影経験」の中へと——更に大きく、更に包容力のある、地に足のついたフィールドへと引き戻すことができたのもこのおかげだ。多くの監督が自分のホームグラウンドでの撮影を好む理由はこれだろう。地縁に基づいた感情は強い包容力を持ち、手際が悪くまごついていたり時には胡乱（うろん）な存在でもある撮影チームをも常に温かく許容してくれるからだ（もちろん今回の撮影でそんなにミスを連発した訳ではない。経験不足からの致し方ないミスが多少あっただけだ）。

沖縄での撮影を終え、私たちは台湾へ戻った。台湾でのメインロケ地として私たちが選んだのは、比較的完璧な状態で

廃棄された坑道内にトロッコ軌道を設置し、戦前の炭坑を再現

保存されていて「南海炭鉱」とも関係のある、台湾北部の炭坑廃墟だ。保存状態の良さだけでなく、地形的にも撮影が実行可能な条件が揃っていた。しかし坑内に入ってのセット設営は、目も当てられないほど困難な工程となった。廃棄されて数十年になる坑道を大わらわで片付け、西表炭坑の坑道へと整える美術さん。ここに組まれたのはトロッコの枕木一本からレールに至るまで全てが、一銭一厘レベルで切り詰めた予算から生み出されたハイレベルなセットだ。人手が足りず、ムーリンプロダクションの企画制作である菅谷も美術助手として駆り出されて台湾の高速道路を北へ南へと走り回っていた。金銭的時間的な重圧の下で誰もがそれぞれに力を発揮しての設営だった。

坑内での撮影も相当に苦労が多い。台湾北部は連日の雨で、坑道の内外をどこもぬかるみに変えてしまった。歩きにくい現場の中、誰もが戸惑っているのが見て取れる。温暖な秋の沖縄を離れて台湾に入ると、そこは既に初冬。おかげで常に褌一丁でいなければならない坑夫役の俳優陣は誰もが凍死しそうになった。

幸い私たちは先に「海外観光旅行」のような沖縄での撮影を終えている。同じ釜の飯を食った身内としてのボルテージの高さと仲間意識は少なくとも全員に芽生えていて、冷たい雨に打たれ困惑しきりだった台湾での撮影をそれが支えていた。そして準備に丸一年を費やした「再現ドラマ撮影」は、冷たい霧雨が珍しく止んで空が晴れ渡った良き日に、台湾北部の山中にて終わりを告げたのだった。

　ドキュメンタリー映画の撮影が、年単位で行われ、ゆっくりと心を寄り添わせていく工程であるなら、再現ドラマで経験した劇映画の撮影は、短時間である代わりに密度が極めて濃いものだと言える。共通ビジョンとするべき目標を全てのメンバーに限られた時間内で伝達するのに必要なのも、また別なタイプの意志力の発揮だ。しかし『緑の牢獄』の締めくくりとなったこの撮影に於いて全員が成果を出そうと走り回っていた背後には、更にもう一つの強烈な力——橋間おばあにとっての個人の悲劇と、西表炭坑にとっての歴史、その二つに込められた思いが転換された原動力も——潜んでいて、その力が私たちの前進を支えてくれていたのだと私は思っている。

　艱難辛苦の年であり、怒濤の一年でもあった２０１９年の年末、ようやく私は沖縄へと戻った。『緑の牢獄』の全ての撮影は終わり、編集の段階へと正式に移行したのだった。

第四節　私たちの存在

　ドキュメンタリー映画の作成に於いて最も心血が注がれる工程——編集を行う段階にまた辿り着いてしまった。ダイニングの同じ位置に座っているおばあを前に幾度もインタビューを行い撮りためた、膨大な数の短時間の映像。そしてその映像が訴えかけてくる強いメッセージ。

素材の山の中から私は一言一句に至るまでを——藁の山から針一本を探し出すような細心の注意を払って——選び抜かなければならない。『緑の牢獄』の編集が相当な苦労を伴う、先の見えない工程になるだろうことは、『海の彼方』の編集作業を全編一人で行った経験のある私の目にはとっくに見えていた。

だがありがたいことに、『緑の牢獄』の編集は、完全に一から始めなくてはならない訳ではない。国内外で『緑の牢獄』のプレゼンを行っていたこの数年の間に、私は素材の整理と取捨選択を行い、予告編バージョンや短編版、補助金獲得用サンプル版など幾つかのバージョンを編集済みだった。このため編集の初期段階では、これらのバージョンで使用した選択済みの素材を基盤として繋いでいくことができたのだ。そこからは台湾から出張してきた木林電影の何孟學（ホー・モンシュエ）が主体となって、沖縄のオフィスに缶詰め状態で編集作業を進める。編集作業は料理と同じで、誰かの作業中は、他の人間は手を出せない。彼の編集中は私はインタビューのヒアリングなど素材のピックアップに回り、煮詰まった彼が用事のために一時帰国すると、その間に私も自分のバージョンの編集作業を進める。こうして初期編集の煩雑な作業を、二人が同時進行でこなすこととなった。

編集段階でやるべきこととして私が意識したのは、客観的真実と感情面の真実との間でバランスの取れるポイントを見つけること。そして全ての素材を熟知している私自身が編集者として一種の第三者的な役割をも果たすことで映画全体のテンポを一定に保たせることだ。また、この映画の当事者である「私」が気付けない盲点をも、この段階で探し出さなければならない。

この映画は、おばあの記憶によって成り立っていたあの「世界」と私との対話と言うよりは、『緑の牢獄』を撮影していたこの数年間の私自身の記憶と私との対話だ。私が経てきた時間の記憶と私との対話だとも言えるだろう。そしてその間に、橋間おばあがいたのはもちろんだが、私たち撮影隊もそこにいたし、張先生やS君だって存在していたし、私たちがあちこちを訪ねて回った足跡も、私たちが考えたり討論したりしたことも全て痕跡となってその中には残っているのだ。

私がしていることは、陶芸品の作成に似ている。その作品にまつわる時間と空間の記憶の中では、多くの人が――それぞれ程度は違えど――その作品に関与している。そして『緑の牢獄』にまつわる記憶の原点とは結局のところ、私とおばあとが一緒に、あのおばあの古い家の中で過ごしていた午後の時間だった。

これは実に難しい映画だ。企画から撮影、編集に至ってもまだ、最後の一瞬までもが全て試練の時間だ。私たちがこの編集でやるべきことは、西表島での午後のあの一時(ひととき)の中へ、おばあの心の内へと戻ることだった。この映画はおばあから距離を取ることはできず、あの家から出ていくべきでもない。これはおばあとあの家の映画なのだから、私たちはむしろおばあに寄り添い、感情の籠もった物語としてこの映画を構築するべきなのだ。

いまだあるべき形の定まらないこの映画との静かな対話を途切れさせないため、私はこの映画を連れて長い旅をすることになる。

編集作業中の2020年2月には、第二節で述べたチェコ・イフラヴァ国際ドキュメンタリー映画祭での若手プロデューサー向けワークショップの第二段階が、ベルリン国際映画祭と同時期に開催された。私はそのどちらにも参加し、ワークショップには約100分にまとめた『緑の牢獄』のラフカットを題材として持ち込んだ。この時のディスカッションに於ける講師の一人だったイタリアのプロデューサー：パオロ・ベンツィ (Paolo Benzi) による分析は、極めて的確だった。「君はまるでおばあを中心としたもつれた糸の中から記憶の断片を拾い集め、それを選び抜いて大きな『記憶の中の真実』を組み立てようとしているかのようだ。しかし記憶のピースは全部が揃っている訳ではなく、失われたものもあれば歪んだり細部が欠けているものもある。だから必然的にその組み立て作業は成果が得られないものとなる。それでも徒労でしかないこういった記憶の組み立て作業を繰り返す中で、これらのピースはもっと大きな記憶像を結ぼうとし始める。そこがつまりこの映画のポイントなんだ」。

拾った破片を重要な部分に嵌め込むのと同じように、おばあの「心の声」を一列に並べれば、それらの「言葉」が全編に於ける羅針盤となって、進むべき方向を示してくれる、というアドバイスも彼は私に与えてくれた。そうだ、長年に亘るインタビューで集めた無数の時間の中からまるで藁の山から針を選り分けるように選び抜いたピースは、一言一句がまさに記憶を繋ぎ合わせるための針と糸なのだ。そしてどのピースも、私たちが想像する真実と、私たちの歴史観、そしておばあの個人的な家族史と複雑で長い歴史の流れとを、私たちがどのような視点から見ているのかを指し示している。

ベルリン国際映画祭が終わったところで世界中が新型肺炎のパンデミックに突入してしまい、全ての計画がストップすることになった。沖縄に来て私たちと一緒に編集作業を行う予定だったフランスの編集技師：ヴァレヒエ・ピコ（Valérie Pico）も、来日計画をキャンセルするしかなかった。数ヶ月が経って計画は甦ったものの、当初の予定だった沖縄、台湾、フランス三ヶ所を拠点としての長期出張形式による『緑の牢獄』のポストプロダクションはそのままでは進められない。国境を跨いでの作業を支えるため、より複雑なワークフローを私たちは改めて組み直さなければならなかった。

ついにヴァレヒエも作業に加わる。最初の数週間で彼女は大ナタを振るい、かなりの部分を削ぎ落とすことで、この映画の肝である「父に対する娘のコンプレックス」を物理的な形でコンパクトに繋ぎ合わせた。私と一緒に仕事をするようになってもう三年になるフランスのプロデューサー：アニー・オハヨン・デケル（Annie Ohayon Dekel）と、編集技師であるヴァレヒエはどちらも、観客を如何に感情移入させるかよりは事実を重視し、全てに対して細部までの合理的な筋道と事情の解明を求めるという、極めて西洋的な論理的思考で映画を構成していくタイプな女性だ。彼女たちは女性としての視点から私よりもっと直截にこの映画の核心を掴んでいた。これはおばああっての映画であり、おばあの自分自身に対する疑いと憐み、自責と後悔、そして内心にわだかまっていた捨て去ることのできない葛藤についての映画なのだ。

そして編集にあたって手を焼く問題となったのは、ルイスの描き方と、再現ドラマが本編に占める割合について、そして楊添福たちのアーカイブ映像と、私たちが撮った現代の映像との間にある距離感だった。このように私とヴァレヒエ、何孟學の意見をすり合わせていく過程で、私たち三人がそれぞれ出す編集案は徐々に共通性の高いものになりつつあった。元々本質的に異なっていたり落差のある素材同士の繋がりも、次第になめらかなものとなっていった。そして最終的に映画全体を一つにまとめたのは、やはりおばあの——橋間おばあの存在だった。

数ヶ月に亘る調整と意見交換、三者代わる代わるでの編集を経て、ついにファイナルカットが——私によるちょっとした付け加えの下で——完成した。私が最後に足したのは、私たちが何気なく写していたおばあのプライベートなひと時だ。時の止まったような詩情を宿している幾つかの瞬間を私の感性で加え、全編がようやく今の形になった。

その後、今度はベルギーの劇伴作曲家：トマ・フォゲンヌ（Thomas Foguenne）、フランスのカラーリスト：ミッシェル・エスキロール（Michel Esquirol）、台湾のサウンドデザイナー：周震（ジョウ・ヂェン）といった凄腕スタッフの下で数ヶ月に亘る再びのポストプロダクションを経て、『緑の牢獄』は完成する。新型肺炎の流行がピークを迎えている厳しい状況の中、幾つもの国のスタッフが足並みを揃えて作業を行っての順調な誕生だった。

私たちが完成版を視聴したのは沖縄のオフィスでだ。編集中のバージョンを既に何度も目にしている私でさえ、やはり一通りの仕上げが終わって「映画」らしくなったものを目の当たりにすると、この映画に備わっている独特の雰囲気を感じ取ることができた。台湾のドキュメンタリーとも日本のドキュメンタリーとも違うこの映画独自の空気——どこの国の既存の映像の系譜にも属していないその空気によって、この映画は完全に包み込まれている。

ベルギーの劇伴作曲家：トマによる詩的なサウンドトラックとヴァレヒエによる編集はどちらもこの映画に軽々しさやセンセーショナルさではなく、極めて抑制された内省的なムードを与えていた。そして周震による出色のサウンドデザインがこの映画を更にワンランク上へと押し上げていた。

映画がこの完璧な姿を得たことを、私は私の力によるものだとは思わない。その功績は私よりも、おばあの持つ雰囲気とその映像的魅力に拠るところの方が大きい。それこそが、この各国を跨いでのポストプロダクションチームの全員をまるで包み込むようにして共鳴させ、おばあの心の内の世界と「緑の牢獄」の世界観に入り込ませたのだ。

ドキュメンタリー映画が最終的には一個の「作品」になるのであれば、それは「題材となった人物が存在した証」となるモニュメントであり、その人の「とある瞬間に於ける姿」を如実に伝える「証拠」であり、更にその人が己が姿を照らし出すための鏡でもある。

この第六章が最初に提示した「真実とは何か」あるいは「現実の創造的処理」というドキュメンタリーの定義に戻ってみよう。2014年の初めにおばあと最初に出会った時、私がこれから撮り始めるこの映画が最終的にはこの形態に辿り着くのだと、私には想像する由もなかった。しかしあの白浜の村外れにある時の止まった古い家――おばあの家族にまつわる、この世でもう橋間おばあしか持っていないおばあの家族にまつわる記憶だけに属しているあの空間――の中で、私と駿吾とが感じ取った「過ぎ去った時代の中の光と影の気配」はそのまま一途に広がり続け、そしてこの映画へと成長したのだった。

ドキュメンタリー業界から見れば大胆過ぎる再現ドラマという手法。編集によって生み出された、アーカイブ資料の中の楊添福の声や映像とまだ生きているおばあとが時を越えて「父と娘の対話」をしているかのような非現実感。どのような手段を用いようとも私がやりたかったのは、今現在の私が撮れるドキュメンタリー映像だけでは欠落してしまう「歴史上の空白」の存在を、記憶と想像とを繋ぎ合わせることによって浮き彫りにし、はるか遠くに位置する「真実」のありかまでをも指し示すことだ。

再現ドラマの中では、川辺でモルヒネの注射器を洗う坑夫たちも、楊家のおばあの養父も、森の中の廃墟を彷徨う坑夫の幽霊たちも、博打に興じている台湾人坑夫たちも、坑道内で汗水たらして働いている坑夫たちも、誰もが血肉を備えて動いている……。

名前を持たないそれらの幾つもの顔は、とある特定の時空の中で、かつてそのような日常を紡いでいたのだ。この物語の中では彼らもまた楊家の物語の関係者であり登場人物という立場を得ているが、物語の外——現実——に於ける彼らは恐らく、私たちがこれまでその存在に言及したこともない名もなき坑夫たちでありその家族だろう。文献の中にすら姿を留めてない坑夫たちがまだ一度として人に晒したことのなかったその顔を、私たちはこの時空の内で露出させた。だからこれらの再現ドラマ部分は、名を持たない彼らこそが主体となった映像ということになる。たとえ名を備えた誰かの声——例えば誰かのインタビュー——を元として生まれたものであったとしても、出来上がった映像自体はやはり名を持たない彼らのものなのだ。

歴史資料の中に混じっている、楊添福の貴重な肉声や「緑の牢獄」の史実に関する証言は私によって、「父と娘の対話」を更に親密なものにするために使われた。楊添福は単なる過去の人物ではなく、この映画の重要な登場人物でもある。

そしてドキュメンタリー映像内のおばあとルイス、それを写すカメラの後ろ側にいる私と駿吾、約七年に亘る私たちのその時間は、おばあの晩年に於ける思い出になった、――というのは私自身の勝手な記憶であり、敬愛するおばあがこの世を去る前に、美しく忘れがたい私たちとの友情を手にした、そんなことがあってほしいという私の願望でもある。

大きな歴史と個人の歴史との間に於いて、この映画が最終的に選んだのは、個人の視点から巨大な過去を仰ぎ見るという姿勢だった。そしてこの映画がより重視しているのは、私たちと橋間おばあとが一緒に過ごした撮影中の時間――大きな歴史の記憶を振り返り（ただしその過去を第三者的視点から評論することは拒否しつつ）、西表炭坑や橋間家の過去を想像して過ごしていた――波のきらめく白浜での午後だ。

『緑の牢獄』――あるいは番外短編の『草原の焔』、あるいは本書――はそのどれもが、おばあと私が共に過ごしたこの数年間の月日やおばあについての私の想像、おばあとの記憶と対話とを、具体的な形で残した「物」だ。日記のようでもあり、エッセイのようでもあり、書き終わった後はもう滅多にめくってみることのないインタビューノートのようでもある、そんな風にずっしりと重い「存在」だ。

あとがき

２０２１年に入り、私たちは徐々に新型肺炎下のこの世界に慣れてきた。『緑の牢獄』と、この映画に関するあらゆる派生物も、ついに今年、世に出ようとしている。私たちと橋間おばあとの記憶はまさに一つの美しい思い出となり、写真立ての中に、一冊の本に、そして一本の映画に閉じ込められようとしているのだ。

あとがきのラストに載せた写真――２０１４年２月、おばあの家を二度目に訪ねた時に、同行したカメラマンがその気になって撮ってくれた、私とおばあとのツーショット――を見れば、まだどこか少年のようだった私とおばあが二人して楽しそうに笑っている。その瞬間は旅の始まりの場所だった。こんなにも長い年月を費やすスローペースなものになるとは私自身予想だにしていなかったこの旅の途上で、私たちは多くの人生経験を積んだ。その経験は宝物のようなものであり、私たちがこの旅路の果てでどのような「作品」を産み出そうとも、その作品の価値が私たちの人生経験そのものの価値を追い越すことはない。

この世界の移り変わりに私は謙虚な姿勢で向き合っていかなければならないのだと、これらの経験は私に教えてくれた。コロナウィルスの出現に対しこの社会がそれをはねつけるのではなく、驚くべきスピードでウィルスとの共存に適応しようとしたようなものだ。２０１８年に亡くなってしまったおばあがこの悲惨な世界に一人で立ち向かうような羽目にならなかったのは幸いだったという思いは、コロナウィルスの流行以来、幾度か私の脳裏をかすめた。橋間おばあの死後、夢の中でおばあに出会ったことは一度しかないが、夢の中のおばあは降り注ぐ陽射しの下、私が知っていたおばあよりももっと元気そうで朗らかだった。私がドキュメンタリーの主人公に据えた人物の死を迎えるのは、これで二度目だ。そして私たちはいつまで経ってもそれに慣れることはない。

この本の出版を進めるにあたり、漠然とした企画を持ち込んだ私に、私自身が執筆するようにと逆提案してくださった前衛出版社の副社長：林君亭氏と、私が当初話したおおざっぱな出版構想をこの本の基本構造と、より具体的なイメージに昇華させるため、様々に力添えしてくださった鄭清鴻編集長に感謝する。２０２０年の後半、『緑の牢獄』の編集とポストプロダクションの準備をするのに並行して、私は暇さえあれば那覇にある綺麗で居心地のよい県立図書館の中に籠もり、この本の初稿を書いていた。筆を進めながら思い出すのは、この数年間のうちに出会った人や物事だ。ある人はまだ私の傍にいるし、人によっては離れていってしまった。中でも私が特別な感謝の念を覚えるのは、歴史考証チームのS君に対してだ。敵であり友でもあるような関係の相手というのは、最も得難い存在であり、『緑の牢獄』の世界観がかくも豊かなものになったのは、紛れもなく彼のおかげだ。

三木健氏と張偉郎氏にも大いに感謝する。お二人は『緑の牢獄』の映画に対しても書籍に対しても惜しみなく協力し、長年に亘って収集した貴重な写真や資料、研究の成果である様々な見解を無償で提供してくださった。翻訳者である黒木夏兒にも感謝を。この本を細部まで注意深く翻訳すると同時に校閲も行い、改訂を提案することでこの本の完成度を大幅に引き上げてくれた。そして私たちの企画を快く引き受け、この本の台湾版日本版が同時出版されるために協力してくださった日本の出版社、五月書房新社の編集長：大杉輝次郎氏と柴田理加子社長に感謝する。

最後に、映画『緑の牢獄』と本書『緑の牢獄　沖縄西表島炭坑に眠る台湾の記憶』の出版計画両方を支えてくれ、この企画の最も初期段階から私たちに最大限のサポートを行ってくれた國家文化藝術基金會に感謝を。

この『緑の牢獄』が台日両国歴史に於ける欠落した一ページを補う存在になると同時に、私たちを手助けしてくれた全ての人への感謝の印になってくれるよう、私たちは願っている。

黄インイク
及び木林電影、ムーリンプロダクション一同

fortable su
S ON EART

引用・参考資料

【引用文献リスト】

三木健『聞書　西表炭坑』（三一書房、１９８２年）
三木健『民衆史を掘る　西表炭坑紀行』（本邦書籍、１９８３年）
三木健編『西表炭坑史料集成』（本邦書籍、１９８５年）
三木健編著『西表炭坑写真集（新装版）』（ニライ社、２００３年）
佐藤金市『西表炭坑覚書』（ひるぎ書房、１９８０年）
佐藤金市著、三木健編『南島流転　西表炭坑の生活』（松本タイプ出版部、１９８３年）
牧野清『新八重山歴史』（私家版、１９７２年）
渋沢敬三『祭魚洞雑録』より「南海見聞録」（郷土研究社、１９３３年、平凡社、１９９２年）
連横『臺灣通史』（臺灣通史社、１９２０年）
曹秋圃「曹容詩選」（澹廬書會、２０１７年）

【引用写真リスト】

『西表炭坑写真集』（ニライ社、１９８６年）収蔵写真、三木健提供、竹富町教育委員会町史編集課所蔵
「ブール文庫ガラス乾板写真　炭鉱の入口」着色版、琉球大学付属図書館提供
『見る。書く。写す。天下縦横無尽』（潮出版社、１９７７年）収蔵写真、三留理男提供

映画『アジアはひとつ』（ＮＤＵ製作、１９７３年）関連写真、井上修提供
台湾炭坑関係写真、張偉郎提供
「八重山厚生園」関連写真、社会福祉法人沖縄県社会福祉事業団八重山厚生園提供
映画『緑の牢獄』制作関連写真、木林電影／ムーリンプロダクション提供、中谷駿吾撮影

【参考文献リスト】

三木健『聞書　西表炭坑』（三一書房、１９８２年）
三木健『西表炭坑概史　改訂版』（ひるぎ社おきなわ文庫、１９８３年）
三木健編『民衆史を掘る　西表炭坑紀行』（本邦書籍、１９８３年）
三木健編『西表炭坑史料集成』（本邦書籍、１９８５年）
三木健『西表炭坑夫物語』（ひるぎ社、１９９０年）
三木健『沖縄・西表炭坑史』（日本経済評論社、１９９６年）
三木健編著『西表炭坑写真集（新装版）』（ニライ社、２００３年）
佐藤金市『西表炭坑覚書』（ひるぎ書房、１９８０年）
佐藤金市著、三木健編『南島流転　西表炭坑の生活』（松本タイプ出版部、１９８３年）
三木健編『西表島・宇多良炭坑　萬骨碑建立記念誌』（萬骨碑建立期成会、２０１０年）
三木健監修『西表島の炭鉱　西表島炭鉱の保全・利用を考える検討委員会編』（竹富町商工観光課、２０１１年）
貝柄徹、二階堂達郎『沖縄・八重山の炭坑遺産の調査報告（その１ 公文書調査編）（その２ 測量調査編）』（近畿産業考古学会誌『近畿の産業遺産（10）』掲載、２０１６年）
上原兼善『王国末期の先島社会と民衆』（琉球大学史学会機関誌「琉大史学　第17号」掲載、２０１５年）

略　歴

執筆、翻訳校正、映画『緑の牢獄』監督

◉

黄インイク（コウインイク）

1988年生まれ。台湾・台東市出身。沖縄在住。台湾・政治大学テレビ放送学科卒業、東京造形大学大学院映画専攻修了。大学時代からドキュメンタリーの自主制作を開始。短編作品：台湾の出稼ぎタイ人労働者を取材した『五谷王北街から台北へ』(2010)、セルフドキュメンタリー『夜の温度』(2013)、なら国際映画祭とジュネーブ芸術大学のコラボ企画「Grand Voyage」の1つとして『杣人』(2014) を発表。
2013年より植民地時代の台湾から八重山諸島に移住した“越境者”たちとその現在を横断的に描く「狂山之海」シリーズを企画。第一作『海の彼方』(2016) は日本と台湾で一般公開し、大阪アジアン映画祭、台北映画祭ほか、新藤兼人賞「プロデューサー賞」受賞。第二作『緑の牢獄』(2021) は企画段階から注目され、ベルリン国際映画祭、スイス・ニヨン国際ドキュメンタリー映画祭などに入選し、日本、台湾とフランスでの一般公開を控える。
またプロデューサー活動により、チェコ・イフラヴァ国際ドキュメンタリー映画祭「新鋭プロデューサー2020」に台湾代表として選出。現在、沖縄と台湾を拠点に国際共同製作にも進出、「石垣島ゆがふ国際映画祭」ではプログラムディレクターも務めている。

映画『緑の牢獄』製作

◉

木林電影／ムーリンプロダクション

2015年、黄インイクが映画製作会社「木林電影有限公司」(Moolin Films, Ltd.) を台湾に設立。翌年に「狂山之海」シリーズを制作するため、黄と撮影の中谷駿吾が沖縄に移住、那覇市に事務所を構える。2019年、黄が発起人、中谷が代表で「株式会社ムーリンプロダクション」(Moolin Production, Co., Ltd.) を設立。沖縄と台湾の両拠点体制で国際的な映画共同製作、海外作品の日本・繁体中国語圏（台湾・香港・マカオ）での共同配給を手掛ける。黄の監督作品以外に、ドキュメンタリー分野ではアルゼンチンの台湾移民をテーマとする二作品、沖縄戦の遺骨収集問題を扱う『骨を掘る男』などをプロデュース。劇映画においては日台米の合作映画『黒の牛』、台湾映画の巨匠ウェイ・ダーシェン監督「台湾三部曲」などに関わる。配給は『大海原のソングライン』(2019)、『犬は歌わない』(2020) のほか、年数本のペースで活動を行う。また、二つの新しい映画祭：「石垣島ゆがふ国際映画祭」と台湾「台東国際映画祭」の立ち上げの準備にも関わっている。

木林電影有限公司　株式会社ムーリンプロダクション

翻訳

◉

黒木夏兒（くろきなつこ）

1974 年生まれ、横浜育ち。初の台湾旅行時に一目惚れした BL 小説『ロスト・コントロール　～虚無仮説～』で 2013 年に翻訳デビュー。同一作者による『示見の眼』シリーズは個人で受権し現在電子書籍で展開中。他の翻訳に日本時代の台北を舞台にした人気漫画『北城百畫帖』シリーズや、『書店本事』（共訳）などを翻訳。映画字幕は 2016 年に担当した『太陽の子（太陽的孩子）』、2019 年の『書店の詩』に引き続き、本作が三度目。撫順生まれの父が少年期を筑豊で送っていた関係で本作に興味を持ち、映画本編の字幕とこの本の翻訳を担当させてもらうことに。興味の対象は台湾の漫画、ライトノベル、BL などサブカルに加え、書店、歴史や魔改造建築など幅広い。次の地方選挙を見学に行けるかどうかが今一番の気掛かり。

プロジェクト・たいわにっく：https://www.facebook.com/project.taiwanic/

翻訳事務所水茎亭ブログ：http://www.suijintei.com/

緑の牢獄

沖縄西表炭坑に眠る台湾の記憶

本体価格……一八〇〇円
発行日……二〇二一年三月一三日　初版第一刷発行

著　者……黄インイク
訳　者……黒木夏兒
発行者……柴田理加子
発行所……株式会社　五月書房新社
東京都世田谷区代田一―二一―六
郵便番号　一五五―〇〇三三
電　話　〇三（六四五三）四四〇五
FAX　〇三（六四五三）四四〇六
URL　www.gssinc.jp

装幀……今東淳雄
編集／組版……片岡　力
印刷／製本……株式会社　シナノパブリッシングプレス

ISBN: 978-4-909542-32-8 C0021